国家中等职业教育改革发展示范学校建设教材

建筑施工技术学习任务指导书

主编　吴海霞

西南交通大学出版社
·成　都·

图书在版编目（CIP）数据

建筑施工技术学习任务指导书 / 吴海霞主编. —成都：西南交通大学出版社，2015.1
国家中等职业教育改革发展示范学校建设教材
ISBN 978-7-5643-3177-1

Ⅰ. ①建… Ⅱ. ①吴… Ⅲ. ①建筑工程 – 工程施工 – 中等专业学校 – 教学参考资料 Ⅳ. ①TU74

中国版本图书馆 CIP 数据核字（2014）第 144953 号

国家中等职业教育改革发展示范学校建设教材
建筑施工技术学习任务指导书
主编　吴海霞

责 任 编 辑	杨　勇
封 面 设 计	墨创文化
出 版 发 行	西南交通大学出版社 （四川省成都市金牛区交大路 146 号）
发行部电话	028-87600564　028-87600533
邮 政 编 码	610031
网　　址	http://www.xnjdcbs.com
印　　刷	成都中铁二局永经堂印务有限责任公司
成 品 尺 寸	185 mm × 260 mm
印　　张	8.5
字　　数	211 千
版　　次	2015 年 1 月第 1 版
印　　次	2015 年 1 月第 1 次
书　　号	ISBN 978-7-5643-3177-1
定　　价	18.00 元

课件咨询电话：028-87600533
图书如有印装质量问题　本社负责退换

前　言

本书是依据中等职业学校示范校建设的需要，按照施工技术课程标准编写，培养的对象是具有初中及以上学历者。本书作为建筑施工专业的教学辅导用书，以就业为导向，以职业实践为主线，以能力为本位，以够用、实用为目标，围绕专业的实际需要来进行编写。本书采用项目驱动法编写，教材内容浅显易懂、生动形象。按照课程培养目标的要求，尽量多用图示、表格来直观表达。

本书内容是按照国家最新颁布的规范进行编写的，培养学生能够按照施工规范和施工程序来进行规范化施工的一门综合性、实践性很强的应用型课程。

由于编者水平有限，加之时间仓促，有很多不足之处，还有待进一步的提高，对此，敬请大家批评指正。

本书在编写过程中，得到了各方面的大力支持，同时参考了很多同行的资料及编纂经验，在此一并深表感谢！

编　者

2014 年 10 月

目　录

项目一　土方工程施工

学习导航

序号	学习目标	知识要点	权重
1	明确土方工程的特点与施工内容	土方工程的特点与施工内容	5%
2	了解土的工程性质；能鉴别土的种类	土石方的种类和鉴别	5%
3	能依据基础施工图进行基坑（槽）土方量的计算，知道场地平整土方量的计算方法	土方量计算	15%
4	能依据施工技术交底，参与指导土方边坡支护施工	边坡工程	10%
5	能依据施工技术交底，参与指导降、排水施工	降、排水工程	10%
6	依据土方施工机械的作用特点正确选择施工机械用于土方施工	土方机械化施工	10%
7	能说出土方开挖的方式与原则，知道验槽的要点	土方开挖	15%
8	知道填方土料的要求及回填土方的施工要点	土方填筑与压实	15%
9	明确土方工程冬季和雨季施工的注意事项	冬季和雨季施工	10%
10	了解土方工程有关质量标准，能说出土方开挖与回填施工要求	土方工程的质量标准	5%

1.1　土方工程的施工内容

导学

1. 思考：要建造一栋民用住宅楼，第一步做什么？

土方工作的主要内容：

✧ 主要工作：挖、运、填、平整

✧ 准备工作：施工降排水

✧ 辅助工作：土壁支撑与边坡支护

2. 思考：你见过哪些土方工程？

常见的土方工程： ✧ 场地平整 ✧ 基坑（槽）及管沟开挖 ✧ 地下工程、大型土方开挖 ✧ 土方填筑

1.2 土的分类与工程性质

了解土的分类，认识土的工程性质。

导学

1. 土如何分类？

✧ 在工程上对土是以其软硬程度、强度、含水量等大致分为：松软土、普通土、坚土、砂砾坚土、软石、次坚石、坚石、特坚硬石八类。

✧另外，根据土的颗粒大小可分为：岩石、碎石土、砂土、粉土、黏性土。详细的分类，见《岩土工程勘察规范》（GB 50021—2001）。

2. 在施工现场如何对土的类别进行简易鉴别？

在野外及工地，按地基土的分类，粗略地鉴别各类土的方法，可采用按开挖方法及工具，以及参照表 1.1 的方法进行。

表 1.1 土的野外鉴别方法

土的名称	湿润时用刀切	湿土用手捻摸时的感觉	土的状态		湿土搓条情况
			干土	湿土	
黏土	切面光滑、有粘刀阻力	有滑腻感，感觉不到有砂粒，水分较大时很黏手	土块坚硬，用锤才能打碎	易黏着物体，干燥后不易剥去	塑性大，能搓成直径小于 0.5 mm 的长条（长度不短于手掌），手持一端不易断裂
粉质黏土	稍有光滑面，切面平整	稍有滑腻感，有黏滞感，感觉到有少量砂粒	土块用力可压碎	能黏着物体，干燥后较易剥去	有塑性，能搓成直径为 0.5～2 mm 的土条
粉土	无光滑面，切面稍粗糙	有轻微黏滞感或无黏滞感，感觉到砂粒较多、粗糙	土块用手捏或抛扔时易碎	不易黏着物体，干燥后一碰就碎	塑性小，能搓成直径为 1～3 mm 的短条
砂土	无光滑面，切面粗糙	无黏滞感，感觉到全是砂粒、粗糙	松散	不能黏着物体	无塑性，不能搓成土条

3. 土的工程性质中常用的有哪些?

土的含水量；土的天然密度；土的干密度；土的可松性；土的渗透性。

4. 什么是土的含水量？它对土方施工有何影响?

✧ 土的天然含水量是指土中的水与土的固体颗粒之间的质量比，以百分数表示。

$$\omega = \frac{m_w}{m_s} \times 100\% \tag{1-1}$$

式中 m_w——土中水的质量；

m_s——土中固体颗粒的质量。

✧ 土的含水量表示土的干湿程度。

✧ 土的含水量：

5% 以内，干土；

5% ~ 30% 以内，潮湿土；

大于 30%，湿土。

✧ 各类土的最佳含水量如下：

砂土为 8% ~ 12%；粉土为 9% ~ 15%；粉质黏土为 12% ~ 15%；黏土为 19% ~ 23%。

✧ 工程意义：含水量对于挖土的难易，施工时边坡稳定及回填土的夯实质量都有影响。

5. 什么是土的天然密度和干密度？它对施工有何影响?

✧ 在天然状态下，单位体积土的质量称为土的天然密度。它与土的密实程度和含水量有关。

✧ 土的天然密度可按下式计算：

$$\rho = \frac{m}{V} \tag{1-2}$$

式中 ρ——土的天然密度（kg/m^3）；

m——土的总质量（kg）；

V——土的体积（m^3）。

✧ 土的固体颗粒质量与总体积的比值称为土的干密度。用下式表示：

$$\rho_d = \frac{m_s}{V} \tag{1-3}$$

式中 ρ_d——土的干密度（kg/m^3）；

m_s——固体的颗粒质量（kg）；

V——土的体积（m^3）。

✧ 在一定程度上，土的干密度反映了土的颗粒排列紧密程度。土的干密度越大，表示土越密实。土的密实程度主要通过检验填方土的干密度和含水量来控制。

6. 什么是土的可松性？土的可松性对施工有什么影响？

天然土经开挖后，其体积因松散而增加，虽经振动夯实，仍然不能完全复原，土的这种性质称为土的可松性。

$$\left.\begin{aligned} K_s &= \frac{V_2}{V_1} \\ K_s' &= \frac{V_3}{V_1} \end{aligned}\right\} \tag{1-4}$$

式中　K_s，K_s'——土的最初、最终可松性系数；

V_1——土在天然状态下的体积（m^3）；

V_2——土挖出后在松散状态下的体积（m^3）；

V_3——土经压（夯）实后的体积（m^3）。

✧ 可松性系数对土方的调配、计算土方运输量都有影响。

7. 什么是土的渗透性？土的渗透性对施工有什么影响？

✧ 土的渗透系数表示单位时间内水穿透土层的能力，以 m/d 表示。根据土的渗透系数不同，可分为透水性土（如砂土）和不透水性土（如黏土）。它主要影响施工降水与排水速度。

任务训练

学生分组学习工程地质勘察报告，了解工程地质勘察报告的基本内容与作用（见附录）。

1.3　计算土方工程量

学习重点： 1. 基坑土方量的计算
2. 基槽土方量的计算
学习难点： 方格网法计算场地平整土方量

导学

1. 怎么区分场地平整、基坑开挖、基槽开挖、大型土方开挖这几个概念？

✧ 平整场地：建筑场地以设计室外地坪为准 ± 30 cm 以内的挖、填土方及找平相关工作。

✧ 挖基槽：挖土宽度≤7 m 且挖土长度 > 3 倍宽度。

✧ 挖基坑：挖土长度≤3 倍宽度且挖土底面积≤150 m^2。

✧ 超出以上概念范围则为一般土方。

2. 什么是土方边坡？土方边坡大小如何确定？

✧ 为防止土壁塌方，确保施工安全，当挖方超过一定深度或填方超过一定高度时，其边沿应放出足够的边坡。

✧ 土方边坡坡度是指挖方深度 H 与边坡底宽 B 的比值。

✧ 土方边坡坡度 $i=\frac{h}{b}=1:m$ ，土方边坡系数 $m=\frac{b}{h}$。

✧ 边坡坡度应根据土质、开挖深度、开挖方法、施工工期、地下水位、坡顶荷载等因素确定。

边坡形式如图 1.1 所示。

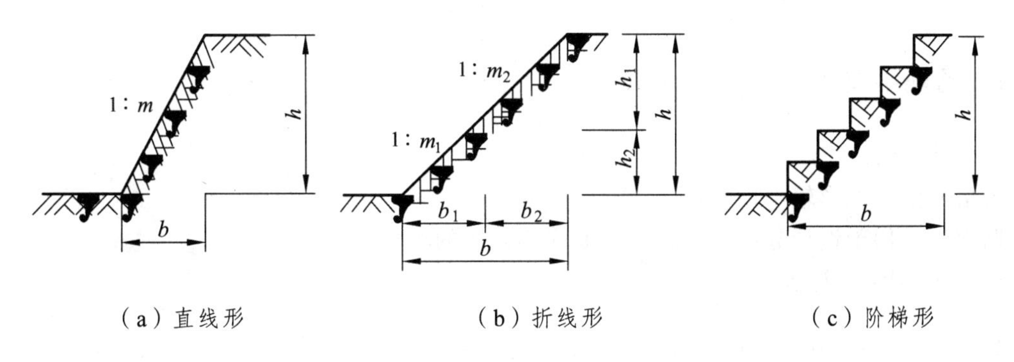

（a）直线形　　（b）折线形　　（c）阶梯形

图 1.1　边坡形式图

3. 基槽土方量如何计算？

当基槽不放坡时：

$$V=h(a+2c)\cdot L \tag{1-5a}$$

当基槽放坡时：

$$V=h(a+2c+mh)\cdot L \tag{1-5b}$$

式中　V——基槽土方量（m^3）；

h——基槽开挖深度（m）；

a——基槽底宽（m）；

c——工作面宽（m）；

m——坡度系数；

L——基槽长度（外墙按中心线计算，内墙按净长计算）。

4. 基坑土方量如何计算？

当基坑不放坡时：

$$V = h(a+2c)(b+2c) \tag{1-6a}$$

当基坑放坡时：

$$V = h(a+2c+mh)(b+2c+mh)+\frac{1}{3}m^2h^3 \tag{1-6b}$$

式中 V——基坑土方量（m^3）；
h——基坑开挖深度（m）；
a——基坑长边边长（m）；
b——基坑短边边长（m）。

5. 场地平整土方量如何计算？

✧ 计算方法：
方格网法：地形较平坦时用。
断面法：用于地形起伏变化较大，断面不规则的场地。
✧ 方格网法计算步骤：

1）划分方格网并计算场地各方格角点的施工高度

方格一般采用 10 m × 10 m ~ 40 m × 40 m，将角点自然地面标高和设计标高分别标注在方格网点的左下角和右下角（见图 1.2）。

角点设计标高与自然地面标高的差值即各角点的施工高度，表示为：

$$h_n = H_{dn} - H_n \tag{1-7}$$

式中 h_n——角点的施工高度，以"+"为填，以"-"为挖，标注在方格网点的右上角；
H_{dn}——角点的设计标高（若无泄水坡度时，即为场地设计标高）；
H_n——角点的自然地面标高。

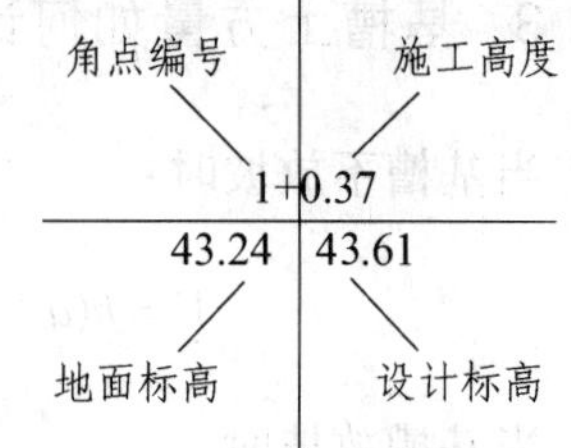

图 1.2 方格网各角点标高

2）计算零点位置

在一个方格网内同时有填方或挖方时，要先算出方格网边的零点位置即不挖不填点，并标注于方格网上，由于地形是连续的，连接零点得到的零线即成为填方区与挖方区的分界线（图 1.3）。

零点的位置按相似三角形原理（图 1.3）得下式计算：

$$x_1 = \frac{h_2}{h_2 + h_3} \cdot a$$
$$x_2 = \frac{h_3}{h_2 + h_3} \cdot a \qquad (1\text{-}8)$$

式中　x_1、x_2——角点至零点的距离（m）；

h_1、h_2——相邻两角点的施工高度（m），均用绝对值；

a——方格网的边长（m）。

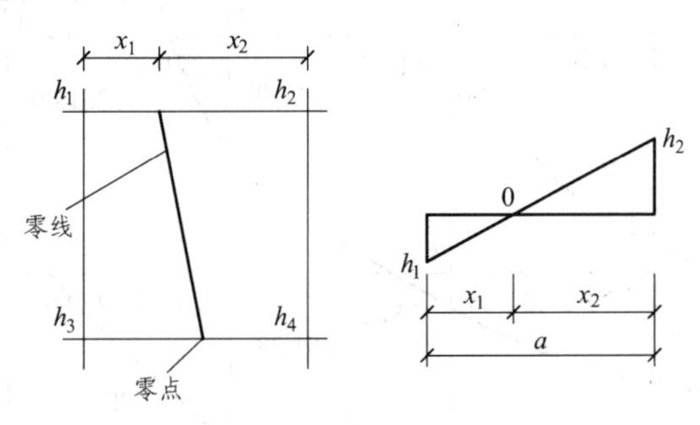

图 1.3　零点位置

按方格网底面积图形和表 1.2 所列公式，计算每个方格内的挖方或填方量。

表 1.2　常用方格网计算公式

项　目	图　示	计算公式
一点填方或挖方（三角形）		$V = \frac{1}{2}bc\frac{\sum h}{3} = \frac{bch_3}{6}$ 当 $b = c = a$ 时，$V = \frac{a^2 h_3}{6}$
二点填方或挖方（梯形）		$V_+ = \frac{b+c}{2}a\frac{\sum g}{4} = \frac{a}{8}(b+c)(h_1+h_3)$ $V_- = \frac{d+e}{2}a\frac{\sum h}{4} = \frac{a}{8}(d+e)(h_2+h_4)$
三点填方或挖方（五角形）		$V = \left(a^2 - \frac{bc}{2}\right)\frac{\sum h}{5} = \left(a^2 - \frac{bc}{2}\right)\frac{h_1+h_2+h_4}{5}$
三点填方或挖方（正方形）		$V = \frac{a^2}{4}\sum h = \frac{a^2}{4}(h_1 - h_2 + h_3 + h_4)$

注：1. a 为方格网的边长（m）。

2. b、c 为零点到一角的边长（m）。

3. h_1、h_2、h_3、h_4 为方格网四角点的施工高度（m），用绝对值代入。

4. $\sum h$ 为填方或挖方施工高程的总和（m），用绝对值代入。

3）计算方格土方工程量

✧ 方格网法示例（教材节选）

【例】 某建筑场地方格网如图所示，方格边长为 20 m × 20 m，试用公式计算挖方和填方的总土方量。

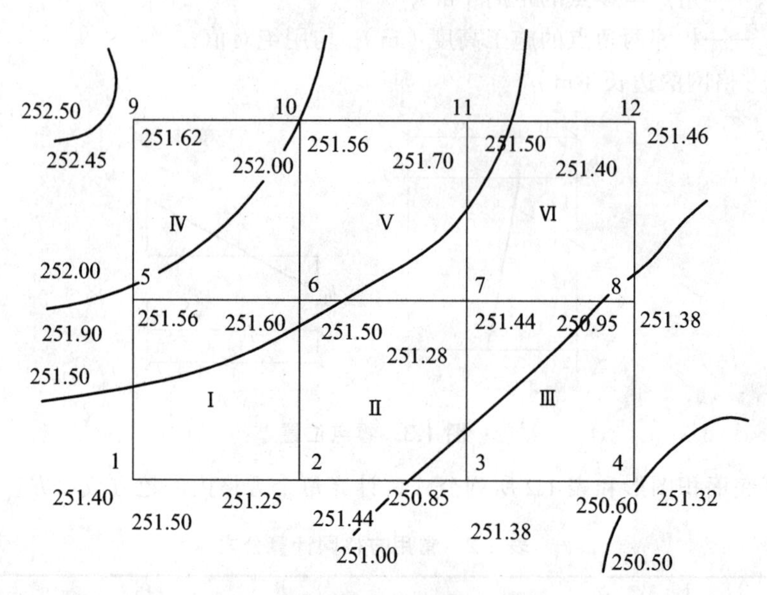

图 1.4 某建筑场地方格网布置图

解：（1）根据所给方格网各角点的地面设计标高和自然标高，计算结果列于图 1.4 中。由公式得：

$h_1 = 251.50 - 251.40 = 0.10$ m； $h_2 = 251.44 - 251.25 = 0.19$ m；

$h_3 = 251.38 - 250.85 = 0.53$ m； $h_4 = 251.32 - 250.60 = 0.72$ m；

$h_5 = 251.56 - 251.90 = -0.34$ m； $h_6 = 251.50 - 251.60 = -0.10$ m；

$h_7 = 251.44 - 251.28 = 0.16$ m； $h_8 = 251.38 - 250.95 = 0.43$ m；

$h_9 = 251.62 - 252.45 = -0.83$ m； $h_{10} = 251.56 - 252.00 = -0.44$ m；

$h_{11} = 251.50 - 251.70 = -0.20$ m； $h_{12} = 251.46 - 251.40 = 0.06$ m

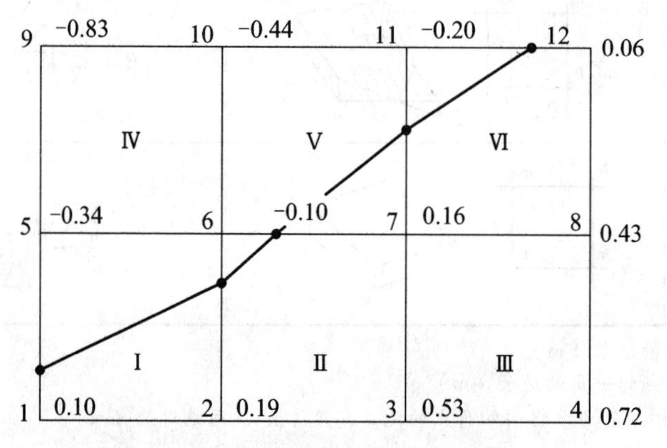

图 1.5 施工高度及零线位置

（2）计算零点位置。从图中可知，1—5、2—6、6—7、7—11、11—12 五条方格边两端的施工高度符号不同，说明此方格边上有零点存在。

1—5 线　　$x_1 = 4.55$（m）

2—6 线　　$x_1 = 13.10$（m）

6—7 线　　$x_1 = 7.69$（m）

7—11 线　　$x_1 = 8.89$（m）

11—12 线　　$x_1 = 15.38$（m）

将各零点标于图上，并将相邻的零点连接起来，即得零线位置。

（3）计算方格土方量。方格Ⅲ、Ⅳ底面为正方形，土方量为：

$$V_{Ⅲ}(+) = 20^2/4 \times (0.53 + 0.72 + 0.16 + 0.43) = 184 \text{（m}^3\text{）}$$

$$V_{Ⅳ}(-) = 20^2/4 \times (0.34 + 0.10 + 0.83 + 0.44) = 171 \text{（m}^3\text{）}$$

方格Ⅰ底面为两个梯形，土方量为：

$$V_{Ⅰ}(+)=20/8\times(4.33+13.10)\times(0.10+0.19)=12.80 \text{（m}^3\text{）}$$

$$V_{Ⅰ}(-)=20/8\times(15.45+6.90)\times(0.34+0.10)=24.59 \text{（m}^3\text{）}$$

方格Ⅱ、Ⅴ、Ⅵ底面为三边形和五边形，土方量为：

$$V_{Ⅱ}(+)=65.73 \text{（m}^3\text{）}$$

$$V_{Ⅱ}(-)=0.88 \text{（m}^3\text{）}$$

$$V_{Ⅴ}(+)=2.92 \text{（m}^3\text{）}$$

$$V_{Ⅴ}(-)=51.10 \text{（m}^3\text{）}$$

$$V_{Ⅵ}(+)=40.89 \text{（m}^3\text{）}$$

$$V_{Ⅵ}(-)=5.70 \text{（m}^3\text{）}$$

方格网总填方量：

$$\sum V(+)=184+12.80+65.73+2.92+40.89=306.34 \text{（m}^3\text{）}$$

方格网总挖方量：

$$\sum V(-)=171+24.59+0.88+51.10+5.70=253.26 \text{（m}^3\text{）}$$

任务训练

1. 某基坑底长 82 m，宽 64 m，深 8 m，四面放坡，边坡坡度 1∶0.5。

（1）画出平、剖面图，试计算土方开挖工程量。

（2）若混凝土基础和地下室占有体积为 24 600 m^3，则应预留多少回填土（以自然状态的土体积计算）？

（3）若多余土方外运，外运土方（以自然状态的土体积计）为多少？

（4）如果用斗容量为 3 m^3 的汽车外运，需运多少车？（已知土的最初可松性系数 $K_s=1.14$，最后可松性系数 $K'_s=1.05$）。

2. 按场地设计标高确定的一般方法（不考虑土的可松性）计算图 1.6 所示场地方格中各角点的施工高度并标出零线（零点位置需精确算出），角点编号与自然地面标高如图 1.6 所示，方格边长为 20 m，$i_x=2‰$，$i_y=3‰$，分别计算挖填方区的挖填方量。

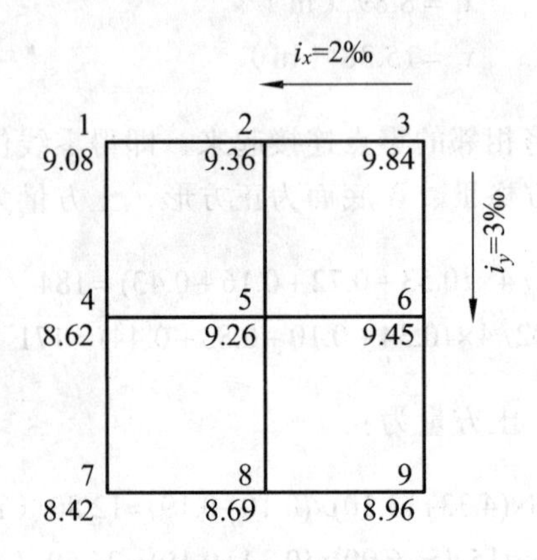

图 1.6　场地各角点标高示意图

1.4　土方施工准备与辅助工作

学习重点：1. 了解土方开挖前要做哪些施工准备和辅助工作
2. 了解边坡支护的方法
3. 了解常用基坑降水的方法

学习难点：土壁支护方案与基坑降水方案的学习

导学

1. 土方开挖前要做哪些准备工作？

✧ 学习与审查图纸。

✧ 建筑物定位放线。

✧ 拆除影响施工的建筑物、构筑物；拆除与改造通信和电力设施、自来水管道、煤气管道和地下管道；迁移树木。

✧ 修好临时道路、电力、通信及供水设施，以及生活和生产用临时房屋。

✧ 制订施工方案（包括基坑支护方案）。

2. 土方施工方案中包含哪些内容?

✧ 工程概况：工程介绍、编制依据、地质资料、基础类型与特点。

✧ 施工准备：技术准备、现场准备（机械准备、人员准备、定位放线、降排水设施、边坡支护要求）。

✧ 土方开挖：施工机械、开挖路线、挖土流程、开挖步骤、注意事项。

✧ 土方回填：回填工艺、回填土质要求、回填夯实要求、施工机械。

3. 土方开挖时为什么要放坡?

✧ 土方边坡主要是由土体内摩阻力和黏结力平衡保持稳定，一旦失去平衡，边坡土壁就会塌方。比如：边坡过陡或雨水、地下水渗入基坑或基坑（槽）边缘附近大量堆土，或停放机具、材料等原因都可能造成土壁塌方。

4. 在什么情况下挖方边坡可做成直立壁不加支撑?

✧ 当地质条件良好、土质均匀且地下水位低于基坑（槽）或管沟底面标高时，挖方边坡可做成直立壁不加支撑，但深度不宜超过下列规定：

密实、中密的砂土和碎石类土（充填物为砂土）：1.0 m；

硬塑、可塑的粉土及粉质黏土：1.25 m；

硬塑、可塑的黏土和碎石类土（充填物为黏性土）：1.5 m；

坚硬的黏土：2 m。

✧ 基坑和管沟挖好后，应及时进行地下结构和安装工程施工。在施工过程中，应经常检查坑壁的稳定情况。

5. 常用的基坑（槽）、管沟开挖时的支撑方法和适用条件有哪些?

✧ 在沟槽开挖时，为减少土方量或受场地条件的限制不能放坡时，可采用设置土壁支撑的方法施工。

✧ 土壁支撑的方法根据开挖深度和宽度、土质、地下水条件以及开挖方法、相邻建筑物等情况的不同而不同。

✧ 按支撑材料来分，可以选用钢（木）支撑、钢（木）板桩、钢筋混凝土护坡桩、钢筋混凝土地下连续墙等。

✧ 按支撑方式来分，可以选用间断式水平支撑、断续式水平支撑、连续式水平支撑、连续或间断式垂直支撑、水平垂直混合式支撑等。

✧ 常用的基坑（槽）、管沟的支撑方法和适用条件见表 1.3。

表 1.3 常用的基坑（槽）、管沟的支撑方法和适用条件

支撑方式	支撑方法	适用条件
间断式水平支撑	两侧挡土板水平放置，用工具式或木横撑借木楔顶紧，挖一层土，支顶一层	适用于能保持直立壁的干土或天然湿度的黏土类土，地下水位较低，坑深在 2 m 以内
断续式水平支撑	挡土板水平放置，中间留出间隔，并在两侧同时对称立竖方木，再用工具式或木横撑借木楔上下顶紧	适用于能保持直立壁的干土或天然湿度的黏土类土，地下水位较低，坑深在 3 m 以内
连续式水平支撑	挡土板水平连续放置，不留间隔，并在两侧同时对称立竖方木，上下各顶一根撑木，端头加木楔顶紧	适用于较松散的干土或天然湿度的黏土类土，地下水位很低，坑深在 3 ~ 5 m
连续或间断式垂直支撑	挡土板垂直放置，可连续或留适当间隙，然后每侧上下各水平顶一根方木，再用横撑顶紧	适用于土质较松散或湿度很高的土，地下水位很低，坑深不限
水平垂直混合式支撑	沟槽上部连续式水平支撑，下部为连续式垂直支撑	适用于沟槽深度较大，下部有含水土层的情况

6. 深基坑支护结构有哪些主要类型?

✧ 常见的支护结构有：土钉墙、深层搅拌水泥土桩挡土墙、钢筋混凝土板桩、钢板桩、钻孔灌注桩、土层锚杆等。

7. 土钉墙的施工特点和适用范围是什么?

✧ 其施工过程为：

（1）先锚后喷　挖土到土钉位置，打入土钉后，挖第二步土，再打第二层土钉，如此循环到最后一层土钉施工完毕。喷射第一次豆石混凝土（厚 50 mm），随即进行锚网，一般为 ϕ12@ 200 方格钢筋网，然后进行第二次喷射混凝土（厚 50 mm），共厚 100 mm。

（2）先喷后锚　挖土到土钉位置下一定距离，铺钢筋网，并预留搭接长度，喷射混凝土至一定强度后，打入土钉。挖第二层土方到第二层土钉位置下一定距离，铺钢筋网，与上层钢筋网上下搭接好；同样预留钢筋网搭接长度，喷射混凝土，打第二层土钉。如此循环直至基坑全部深度。

✧ 其施工特点是：

（1）施工设备较简单。

（2）比用挡土桩锚杆施工简便。

（3）施工速度较快，节省工期。

（4）造价较低。

✧ 其适用范围为：

地下水位较低的黏土、砂土、粉土地基，基坑深度一般在 15 m 左右。

8. 土层锚杆的施工过程、特点和适用范围是什么?

✧ 其施工过程为：

（1）挖土到锚杆水平位置下 50 cm。
（2）用锚杆钻机钻孔，按需要倾角及深度，完成钻孔。
（3）拔出钻杆，插入钢筋或钢绞线。
（4）向孔内灌注水泥浆，常压时浆从孔冒出即可。
（5）安装垫板螺帽或锚头（钢绞线）。
（6）水泥浆强度达到其设计强度的 70% 时，即可预应力张拉。
（7）拧紧螺帽或锁住锚头。

✧ 其施工特点是：

（1）使用锚杆拉结比坑内支撑、挖土方便。
（2）锚杆要有一定覆盖深度与抗拔力。
（3）预应力铺杆对挡土桩、墙的位移要小。
（4）对压力水土层及卵砾石层，应用高压射水钻杆及钻石钻杆的钻机。
（5）锚固段的长度应由计算并加安全度确定。
（6）相邻锚杆张拉后应力损失大，应再张拉调整应力。一般应力损失及时效损失都不太大。
（7）锚杆实际抗拔力应做试验后确定。

✧ 其适用范围为：

（1）一般黏土、砂土地区皆可应用，软土、淤泥质土地区要试验后应用。
（2）地下水压力较大时，应用高压射水钻杆钻成孔，并采用一些措施，防止涌水涌砂。
（3）采用桩顶圈梁作锚杆腰梁，可以节约资金。
（4）对灌注桩、H 型钢桩、地下连续墙等挡土结构，都可用锚杆拉结支护。

9. 地下连续墙的施工特点和适用范围是什么?

✧ 地下连续墙的施工过程为：

（1）修筑导墙　深槽开挖，须沿着地下连续墙设计的纵轴线位置开挖导沟，在两侧浇筑混凝土或钢筋混凝土导墙。导墙的作用是，控制挖槽位置，为挖槽机导向；容蓄泥浆，防止槽顶坍塌和泥浆漏失；作为成槽机械轨道的水平基准和支承点，也作为吊放钢筋笼的支承点。

（2）泥浆护壁　泥浆的作用是，在地下连续墙成槽过程中，使槽壁保持稳定不塌。

（3）开挖槽段　挖槽前，应预先将地下连续墙划分为若干个单元槽段，槽段的最小长度不得小于挖槽机械的挖槽装置长度，通常取 4 ~ 6 m；土质良好时，可取 8 m。

（4）钢筋笼制作及安装　钢筋笼的尺寸应根据单元槽段、接头形式及现场起重能力等确定。

（5）混凝土浇筑　混凝土强度一般比设计强度提高 5 MPa，骨料宜选用中、粗砂及粒径不大于 40 mm 的卵石或碎石。采用导管浇筑混凝土。

✧ 地下连续墙的施工特点是：

（1）施工时对相邻建筑物、构筑物影响甚小。
（2）可以施工成任意形状，墙体深度易控制，可建造刚度很大的墙体。
（3）使用机械设备较多，造价较高。
（4）泥浆配置要求高，需建泥浆回收重复使用的系统。
（5）可与锚杆结合支护，也可在基坑内作内支撑。

✧ 地下连续墙的适用范围为：

适用于各种土质，特别是软土地基；对相邻建筑物较近的工程和环境要求较严格的地区也很适用。

10. 在基坑（槽）施工中为什么要降低地下水位？降低时要考虑哪些因素和方法？

✧ 在基坑（槽）施工时，往往要在地下水位以下开挖，尤其是高层建筑，基础埋深大，地下室层数多。施工时若地下水渗入造成基坑浸水，使地基土的强度降低，压缩性增大，建筑物产生过大沉降，或是增加土的自重应力，造成基础附加沉降，将会直接影响到建筑物的安全。因此必须采取有效的降水和排水措施，使基坑处在干燥状态下施工。

✧ 采用降水和排水措施时，应考虑以下因素：

（1）土的种类及其渗透系数。
（2）要求降低水位的标高。一般应降到基坑底以下 0.5 ~ 1.0 m。
（3）采用何种形式的基坑壁支护方式，尤其是深基坑。
（4）基坑的面积大小。

✧ 降低地下水位的方法有两类：

（1）集水坑降水法。
（2）井点降水法。

11. 什么是集水坑降水法？

✧ 集水坑降水法是指开挖基坑过程中，遇到地下水或地表水时，在基础范围以外地下水流的上游，沿坑底的周围开挖排水沟，设置集水井，使水经排水沟流入井内，然后用水泵抽出坑外。如图 1.7 所示。

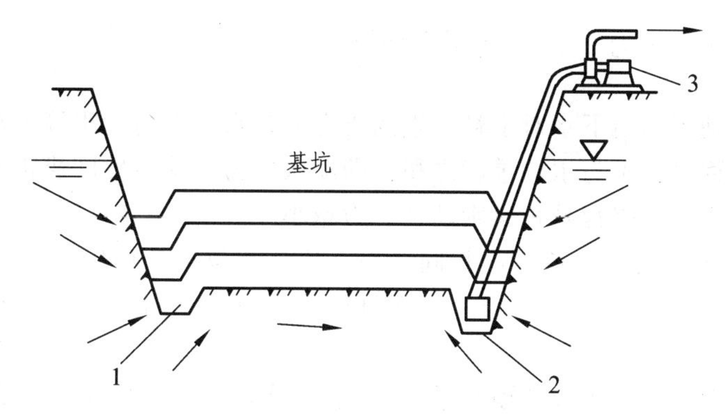

图 1.7　集水井降水

1—排水沟；2—集水井；3—水泵

✧ 施工要点：

（1）四周的排水沟及集水井应设置在基础范围以外，地下水流的上游。根据地下水量的大小、基础平面形状及水泵能力，集水井每隔 20 ~ 40 m 设置 1 个。

（2）集水井的直径或宽度一般为 0.6 ~ 0.8 m。其深度随着挖土的加深而加深，要始终低于挖土面 0.7 ~ 1.0 m。

（3）当基坑挖至设计标高后，井底应低于基坑底 1 ~ 2 m，并铺设 0.3 m 碎石滤水层，以免在抽水时将泥沙抽出，堵塞水泵，并防止井底土被扰动。

✧ 适用范围：

集水坑降水法适用于水流较大的粗粒土层的排水、降水，也可用于渗水量较小的黏性土层降水，但不适宜于细砂土和粉砂土层，因为地下水渗出会带走细粒而发生流砂现象。

12. 什么是井点降水法？各种井点降水的适用范围是怎样的？

井点降水：基坑开挖前，在基坑四周预先埋设一定数量的井点管，在基坑开挖前和开挖过程中，利用抽水设备不断抽出地下水，使地下水位降到坑底以下，直至土方和基础工程施工结束为止。

井点降水法种类有：轻型井点、喷射井点、电渗井点、管井井点、深井井点等。施工时可根据土层的渗透系数、降低地下水位的深度、设备条件、施工技术水平等情况进行选择。

表 1.4　井点降水类型及适用条件

井点类型	土层渗透系数/（m/d）	降低水位深度/m
单层轻型井点	0.1 ~ 50	3 ~ 6
多层轻型井点	0.1 ~ 50	6 ~ 12
喷射井点	0.1 ~ 50	8 ~ 20
电渗井点	< 0.1	根据选用井点确定
管井井点	20 ~ 200	3 ~ 6
深井井点	10 ~ 250	> 15

13. 什么是动水压力？什么是流砂现象？

动水压力是流动中的地下水对土粒产生的压力。动水压力的大小等于水力坡度（水的高低水位差与渗透路程之比）与水的重度之积，即动水压力与水力坡度成正比，水位差越大，动水压力就越大，而渗透路程越长，则动水压力越小。

动水压力的作用方向与水流方向相同。当水流在水位差的作用下对土粒产生向上压力时，动水压力不但使土粒受到水的浮力，而且还使土粒受到向上推动的力。动水压力的单位为 N/cm^3。

如果动水压力大于或等于土的浸水浮重度（扣除水浮力后单位体积土所受的重力），使土粒失去自重，处于悬浮状态，土的抗剪强度等于零，土粒会随着地下水流一起流动，使地下水涌进基坑内，这种现象叫流砂现象。

任务训练

学生以小组形式工作，结合施工方案案例，通过查资料、规范、网上资源等多种方式合作完成基坑支护、降排水方案编制的讨论、学习。

土锚钉支护结构施工方案

一、施工程序

施工机具及材料准备并到场→上层土方开挖→运土外出→打设锚管→安放土钉→注浆→挂钢筋网片→焊接水平通长加强筋→喷射混凝土至设计厚度→养护 24 小时→下层土方开挖。

二、土钉墙支护施工与要求

（一）在施工前应调查周围环境及工程位置，避免土钉施工影响周围构筑物。

（二）土钉采用ϕ48×3.0 钢管土钉，土钉在坑壁上呈梅花形布置，在同一水平线上土钉须均匀分开排列。

（三）钢管土钉端部应封闭，在钢管上沿长度方向离开坑壁 2.0 m，每隔 0.5 m 旋转 90° 设ϕ8 圆孔一个，直至底部。

（四）土钉墙面板采用 C25 喷射混凝土，厚度为 100 mm，分二层施工：喷射第一层混凝土厚度为 40～50 mm，注浆然后成孔，安装土钉、绑扎钢筋网片，喷射混凝土第二层混凝土至设计厚度。

（五）土钉注浆材料采用纯水泥浆，土钉需先洗孔后注浆，注浆终了压力不小于 0.4 MPa，并维持 1～2 s，须慢速进行。

（六）土钉应按规范要求进行抗拔试验，试验根数为土钉总数的 1%，且不少于 3 根。

三、土方开挖要求

（一）土方应分批分段分层开挖，以充分发挥基坑的空间效应，减小支护结构变形。

（二）基坑内侧周边同层土钉长度范围内，分层分段开挖，每层开挖深度不超过1.5 m，分段开挖长度每段不得超过20 m。

（三）开挖出作业面后，应立即进行喷锚网支护作业（坑壁暴露时间不得超过12 h），严禁上一层土钉未施工完毕就开挖下一层土方。

（四）机械大面积开挖到接近板底标高后，坑底最后30 cm土层宜采用人工开挖，余下承台和地梁应采用人工开挖。

（五）挖至设计底标高后，立即铺设垫层，要求垫层沿基坑边开始浇捣，并一次浇捣至基坑下坎线。

（六）做好地下水位的观测工作，保证预抽水时间，根据观测结果决定土方开挖位置和时机，土方开挖深度必须在地下位0.5～1.0 m以上。

四、基坑降排水要求

（一）基坑采用井点降水方式，基坑开挖前场地清理结束后设置深井降水，用泵抽水以降低坑内水位，视现场开挖情况根据水量大小必要时加密或减少降水井密度。

（二）根据开挖情况布置坑内降水井，进行坑内降水应监测坑外水位变化情况。坑内降水不应影响坑外的水位。

（三）在基坑坡顶四周做尺寸为300×300的明沟以防地表水流入基坑而影响施工。

（四）在挖土过程中，可视实际情况在基坑中央临时挖集水坑，排除基坑中明水，施工至基底后，按实际情况在坑底周边布置排水沟，基坑底排水沟应离基坑边4 m以上。

（五）基坑开挖期间，为防止基坑底部位置设置临时排水沟和集水井。

（六）基坑开挖至坑底后，土建施工单位可根据现场实际情况在坑底做砖砌排水沟和集水坑，排水沟的设置不得影响垫层对支护结构的支挡作用。

五、监测内容（由业主委托第三方监测）

（一）周围环境的监测包括地面沉降观察，坡顶水平、竖向位移观测和裂缝的产生与开展情况，周边建筑物沉降、倾斜及水平位移等。

（二）土体侧向位移监测：本工程中主要是土体深层位移大小随时间的变化。

（三）测斜管必须在土方开挖前一周埋好。

（四）地下水位监测：实时监测地下水位的变化情况。

1.5　土方机械化施工

学习重点：	1. 了解常用土方施工机械的施工特点
	2. 能够根据工程情况初步选择施工机械
学习难点：	挖土机与运土汽车的配套计算

导学

1. 选择土方机械的依据是什么？

（1）土方工程的类型及规模　不同类型的土方工程，如场地平整、基坑（槽）开挖、大型地下室土方开挖、构筑物填土等施工各有其特点，应依据开挖或填筑的断面（深度及宽度）、工程范围的大小、工程量多少来选择土方机械。

（2）地质、水文及气候条件　如土的类型、土的含水量、地下水等条件。

（3）机械设备条件　指现有土方机械的种类、数量及性能。

（4）工期要求　如果有多种机械可供选择时，应当进行技术经济比较，选择效率高、费用低的机械进行施工。一般可选择土方施工单价最小的机械进行施工。但在大型建设项目中，土方工程量很大，而现有土方机械的类型及数量常受限制，此时必须将所有机械进行最优分配，使施工总费用最少，可应用线性规划的方法来确定土方机械的最优分配方案。

2. 推土机施工有什么特点？

推土机操作灵活，运转方便，所需工作面较小，行驶速度快，易于转移，能爬 30° 左右的缓坡，应用较为广泛。多用于平整和清理场地，开挖深度 1.5 m 以内的基坑，回填基坑、管沟，推筑高度在 1.5 m 以内的路基或堤坝，填平沟坑，以及配合铲运机、挖掘机工作等。此外，推土机后面可安装松土装置，破松硬土和冻土，也可拖挂羊足碾进行土方压实工作。推土机可推挖一至三类土，经济运距 100 m 以内，效率最高 40 ~ 60 m。

图 1.8　推土机

3. 铲运机施工有什么特点？

铲运机的特点是能完成挖土、运土、平土或填土等全部土方工程施工工序，操纵灵活，对行驶道路要求低，行驶速度快，生产效率高，费用低，适用于大面积场地平整，开挖大基坑，填筑堤坝和路基等工程。最易于开挖含水量不超过 27% 的 Ⅰ ~ Ⅲ类土。对于硬土需用松土机预松后才能开挖。自行式铲运机适用于运距在 800 ~ 3 500 m 的大型土石方工程施工，以运距在 800 ~ 1 500 m 的范围内生产率最高。拖式铲运机适用于运距在 80 ~ 800 m 的土石方工程施工，而运距在 200 ~ 350 m 时，效率最高。

图 1.9　拖式铲运机

图 1.10　自行式铲运机

4. 正铲、反铲、拉铲和抓铲挖掘机施工各有什么特点？

（1）正铲挖土机的挖土特点是：前进向上，强制切土，铲斗由下向上强制切土，挖掘力大，生产效率高；适用于开挖停机面以上的Ⅰ ~ Ⅲ类土，且与自卸汽车配合完成整个挖掘运输作业；可以挖掘大型干燥基坑和土丘等。

图 1.11　正铲挖土机

（2）反铲挖土机的挖土特点是：后退向下，强制切土，铲斗由上至下强制切土，用于开挖停机面以下的Ⅰ～Ⅲ类土，适用于开挖基坑、基槽、管沟，也适用于湿土、含水量较大的及地下水位以下的土壤开挖。

图 1.12　反铲挖土机

（3）拉铲挖土机的挖土特点是：后退向下，自重切土，工作时利用惯性，把铲斗甩出后靠收紧和放松钢丝绳进行挖土和卸土，铲斗由上而下，靠自重切土，可以开挖Ⅰ类、Ⅱ类土壤的基坑、基槽和管沟等地面以下的挖土工程，特别适用于含水量大的水下松软土和普通土的挖掘。

图 1.13　拉铲挖土机

（4）抓铲挖土机的挖土特点是：直上直下，自重切土，是在挖土机的臂端用钢丝绳吊装一个抓斗。主要用于开挖土质比较松软，施工面比较狭窄的基坑、沟槽、沉井等工程，特别适用于水下挖土。

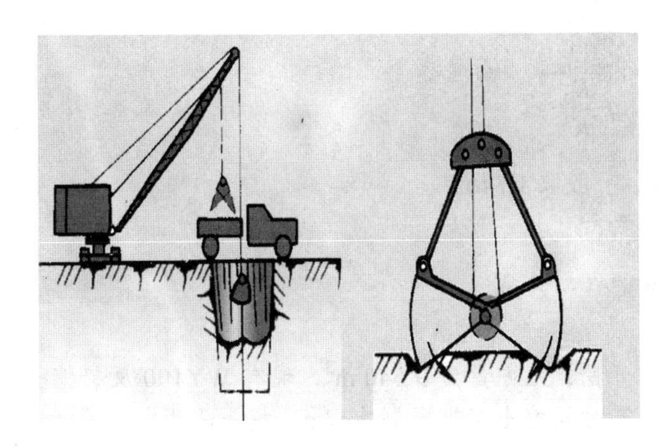

图 1.14　抓铲挖土机

5. 基坑开挖采用单斗挖土机施工时，需用运土车辆配合，将挖出的土随时运走。挖土机的数量如何确定？自卸汽车数量与挖土机数量如何匹配？

1）挖土机数量的确定

挖土机数量 N，应根据土方量的大小、工期长短、经济效果按下式计算：

$$N=\frac{Q}{P}\cdot\frac{1}{T\cdot C\cdot K} \tag{1-9}$$

式中：Q 为土方量，单位 m^3；P 为挖土机生产率，m^3/台班；T 为工期，工作日；C 为每天工作班数；K 为时间利用系数，0.8 ~ 0.9。

挖土机生产率 P，可通过查定额手册求得，也可按下式计算：

$$P=\frac{8\times 3\ 600}{t}\cdot q\cdot\frac{K_c}{K_s}\cdot K_B \tag{1-10}$$

式中：t 为挖土机每次循环作业延续时间；q 为挖土机斗容量；K_s 为土的最初可松性系数；K_c 为土斗的充盈系数；可取 0.8 ~ 1.1；K_B 为工作时间利用系数，一般取 0.6 ~ 0.8。

2）自卸汽车配合计算

自卸汽车的载重量 Q_1 应与挖土机的斗容量保持一定的关系，一般宜为每斗土重的 3 ~ 5 倍。自卸汽车的数量 N_1 应保证挖土机连续工作，可按下式计算：

$$N_1=\frac{T_s}{t_1} \tag{1-11}$$

式中：T_s 为自卸汽车每一工作循环延续时间（包括装车时间、运土时间、卸土时间、操纵等待时间）；t_1 为自卸汽车每车装车时间，$t_1=nt$，n 为自卸汽车每车装土次数，t 为自卸汽车每次装车时间。

$$n=\frac{Q_1}{q\cdot\frac{K_c}{K_s}\cdot\gamma} \tag{1-12}$$

式中：γ 为实土重度，一般取 1.7 t/m^3。

任务训练

某工程基坑土方开挖，土方量为 9 640 m^3，现有 WY100 反铲挖土机可租，斗容量为 1 m^3，为减少基坑暴露时间挖土工期限制在 7 d。挖土采用载容量为 8 t 的自卸汽车配合运土，要求运土车辆数能保证挖土机连续作业，已知 K_c=0.9，K_s=1.15，$K=K_B$=0.85，t=1.3 km，V_c=20 km/h。如何选择 WY100 反铲挖土机数量，并计算运土车辆数 N。

任务实施：

（1）准备采取两班制作业，则挖土机数量 N 按式（1-9）计算。

$$N=\frac{Q}{P}\cdot\frac{1}{T\cdot C\cdot K}$$

式中挖土机生产率 P 按式（1-10）求出：

$$P=\frac{8\times3\ 600}{t}\cdot q\cdot\frac{K_c}{K_s}\cdot K_B=\frac{8\times3\ 600}{40}\times1\times\frac{0.9}{1.15}\times0.85=479\ (\text{m}^3/\text{台班})$$

则挖土机数量：

$$N=\frac{9\ 640}{479\times2\times0.85\times7}=1.69\ (\text{台})$$

取 2 台。

（2）每台挖土机运土车辆数 N_1 按式（1-11）求出：

$$N_1=\frac{T_s}{t_1}$$

每车装土次数：

$$n=\frac{Q_1}{q\cdot\frac{K_c}{K_s}\cdot\gamma}=\frac{8}{1\times\frac{0.9}{1.15}\times1.7}=6.0\ (\text{次})$$

取 6 次。

每次装车时间：

$$t_1=nt=6\times40=240(\text{s})=4\ (\text{min})$$

运土车辆每一个运土循环延续时间：

$$4+\frac{2\times1.3\times60}{20}+1+3=15.8\ (\text{min})$$

则每台挖土机匹配运土车辆数 N_1：

$$N_1=\frac{15.8}{4}=3.95\ (\text{辆})$$

取 4 辆。

2 台挖土机所需运土车辆数：

$$2\times4=8\ (\text{辆})$$

1.6　土方开挖与回填

学习重点： 1. 了解基坑（槽）开挖的一般程序
2. 能正确回答基坑（槽）开挖及验槽的有关规定
3. 熟悉填土的要求，了解土的压实方法
4. 能正确说出回填土质量检查事项
5. 了解土方季节性施工的注意事项

学习难点： 验槽的方法；回填土料的选择

导学

1. 基坑开挖的一般程序是什么？

定位放线→切线分层开挖→ 排降水→修坡→整平→留足预留土层。

2. 基坑（槽）开挖时要注意些什么？

（1）支护结构与挖土应紧密配合，遵循先撑后挖、分层分段、对称、限时的原则。
（2）要重视打桩效应，防止桩位移和倾斜。
（3）注意减少坑边地面荷载，防止开挖完的基坑暴露时间过长。
（4）当挖土至坑槽底 50 cm 左右时，应及时抄平。
（5）在基坑开挖和回填过程中应保持井点降水工作的正常进行。
（6）开挖前要编制包含周详安全技术措施的基坑开挖施工方案，以确保施工安全。

3. 基坑（槽）开挖的深度如何控制？如何防止超挖？

当基槽（坑）挖到离坑底 0.5 m 左右时，根据龙门板上标高及时用水准仪抄平，在土壁上打上水平桩，作为控制开挖深度的依据。

为防止扰动老土，坑底预留 300 mm 厚土层用人工开挖清理至坑底设计标高。

4. 什么是验槽？

基槽（坑）开挖完毕并清理好以后，在垫层施工以前，施工单位应会同勘察单位、设计单位、监理单位、建设单位一起进行现场检查并验收基槽，通常称为验槽 。

验槽是确保工程质量的关键程序之一，合格签证后，再进行基础工程施工。验槽目的在于检查地基是否与勘察设计资料相符合。

5. 验槽验什么？

（1）核对基槽（坑）的位置、平面尺寸、坑底标高。
（2）核对基槽（坑）土质和地下水情况。
（3）空穴、古墓、古井、防空掩体及地下埋设物的位置、深度、形状。
（4）基坑壁土层分层，特别是基底土层与地质报告和设计是否相符。
（5）上部结构重要部位（即受力较大或沉降灵敏部位）土质如何。
（6）地基处理效果检验。
（7）桩头处理情况。

6. 如何验槽？

（1）观察。

表 1.5

观察目的		观察内容
槽壁土层		土层分布情况及走向
重点部位		柱基、墙角、承重墙下及其他受力较大部位
整个槽底	槽底土质	是否挖到老土层上（地基持力层）
	土的颜色	是否均匀一致，有无异常过干过湿
	土的软硬	是否软硬一致
	土的虚实	有无振颤现象，有无空穴声音

（2）钎探。

将一定长度的钢钎打入槽底以下的土层内，根据每打入一定深度的锤击次数，间接地判断地基土质的情况。打钎分人工和机械两种方法。

钢钎用直径为 22 ~ 25 mm 的钢筋制成，钎长为 1.8 ~ 2.0 m，将钢钎垂直打入土中，并记录每打入土层 30 cm 的锤击数。

（3）《建筑地基基础工程施工质量验收规范》（GB 50202—2002）对土方开挖的有关规定：

表 1.6

<table>
<tr><th rowspan="3">项</th><th rowspan="3">序</th><th rowspan="3">项　目</th><th colspan="5">允许偏差或允许值</th><th rowspan="3">检验方法</th></tr>
<tr><th rowspan="2">柱基基坑基槽</th><th colspan="2">挖方场地平整</th><th rowspan="2">管　沟</th><th rowspan="2">地（路）面垫层</th></tr>
<tr><th>人　工</th><th>机　械</th></tr>
<tr><td rowspan="3">主控项目</td><td>1</td><td>标　高</td><td>−50</td><td>±30</td><td>±50</td><td>−50</td><td>−50</td><td>水准仪</td></tr>
<tr><td>2</td><td>长度、宽度（由设计中心线向两边量）</td><td>+200
−50</td><td>+300
−100</td><td>+500
−150</td><td>+100</td><td>—</td><td>经纬仪，用钢尺量</td></tr>
<tr><td>3</td><td>边　坡</td><td colspan="5">设计要求</td><td>观察或用坡度尺检查</td></tr>
<tr><td rowspan="2">一般项目</td><td>1</td><td>表面平整度</td><td>20</td><td>20</td><td>50</td><td>20</td><td>20</td><td>用 2 m 靠尺和楔形塞尺检查</td></tr>
<tr><td>2</td><td>基底土性</td><td colspan="5">设计要求</td><td>观察或土样分析</td></tr>
</table>

注：地（路）面垫层的允许偏差只适用于直接在挖、填方上做地（路）面的基层。

7. 对填方土料有什么要求?

填方土料应符合设计要求。设计如无要求，应符合下列规定：

（1）级配良好的碎石类土、砂土（使用细、粉砂时应取得设计单位同意）和爆破石渣，以及性能稳定的工业废料，可用作表层以下的填料。

（2）以砾石、卵石或块石作填料时，分层夯实时其最大粒径不宜大于 400 mm；分层压实时，其最大粒径不宜大于 200 mm。

（3）含水量符合压实要求的黏性土，可用作各层填料。

（4）碎块草皮和有机质含量大于 8% 的土，仅用于无压实要求的填方。

（5）淤泥和淤泥质土一般不能用作填料，但在软土或沼泽地区，经过处理使含水量符合压实要求后，可用于填方中的次要部位。

（6）含盐量符合《土方与爆破工程及验收规范》规定的盐渍土，一般可以使用。但填料中不得含有盐晶、盐块或盐植物的根茎。

8. 怎样确定填方铺土厚度和压实遍数?

填方每层铺土厚度和压实遍数应根据土质、压实系数和机具性能确定。铺得过厚，要增加每层的压实遍数；铺得过薄，则要增加总的压实遍数，每层铺土厚度可按照表 1.7 选用。

表 1.7

压实机具	每层铺土厚度/mm	每层压实遍数
平　碾	250～300	6～8
振动压实机	250～300	3～4
柴油打夯机	200～250	3～4
人工打夯	不大于 200	3～4

9. 机械压实有什么要求?

（1）振动平碾适用于填料为爆破石渣、碎石类土、杂填土或轻亚黏土的大型填方。使用 8～15 t 重的振动平碾压实爆破石渣或碎石类土时，铺土厚度一般为 0.6～1.5 mm，宜先静压、后碾压，碾压遍数应由现场试验确定，一般为 6～8 遍。

（2）碾压机械压实填方时，应控制行驶速度，一般不应超过下列规定：

平碾　　2 km/h

羊足碾　3 km/h

振动碾　2 km/h

（3）采用机械填方时，应保证边缘部位的压实质量。填土后，如设计不要求修整，宜将填方边缘宽填 0.5 mm；如设计要求边坡整平拍实，宽填可为 0.2 mm。

10. 土方工程在雨期施工时应注意些什么?

（1）雨期施工的工作面不宜过大，重要的土方工程应尽量在雨期前完成。

（2）雨期施工前应对施工现场原有排水系统进行检查、疏通或加固，必要时应增加排水设施。

（3）雨期施工时，应保证现场运输道路畅通，路面要防滑，路边要修好排水沟。

（4）雨期填方施工中，取土、运土、铺填、压实等各道工序应连续进行，雨前应及时压完已填土层或将表面压光，并做成一定坡度以利排水。

（5）雨期开挖基坑（槽）或管沟时，应注意边坡稳定，并防止地面水流入。

11. 冬期开挖土方时应注意些什么?

（1）采用防止冻结法开挖土方时，可在冻结前用保温材料覆盖或将表层土翻松，其翻松深度应根据气候条件定，一般不少于 0.3 mm。

（2）松碎冻土采用的机具和方法应根据土质、冻结深度、机具性能和施工条件等确定。

当冻土层厚度较小时，可采用铲运机、推土机或挖掘机直接开挖。

当冻土层厚度较大时，可采用松土机、破冻土犁、重锤冲击或爆破作业等方法。

（3）融化冻土应根据工程量大小、冻结深度和现场条件选用谷壳焖火烘烤法、蒸汽循环法或电热法等。

（4）冬期开挖土方时应防止基础下基土和邻近建筑物地基遭受冻结。

12. 冬期填方施工时应注意些什么？

✧ 冬期填方每层铺土厚度应比常温施工时减少 20% ~ 25%，预留沉降量应比常温施工时适当增加。

含有冻土块的土料用作填料时，冻土块粒径不得大于 150 mm，铺填时冻土块应均匀分布，逐层压实。

✧ 冬期填方施工应在填土前，清除基底上的冰雪和保温材料；填方边坡表层 1 m 内不得用冻土填筑，且填方上层应用未冻的、不冻胀的或透水性好的土料填筑。

✧ 冬期填方高度在气温低于 −5 °C 时不宜超过 4.5 m，低于 −11 °C 时不宜超过 3.5 m。

✧ 冬期回填基坑（槽）和管沟时，室外的可用含有冻土块的土回填，但冻土块的体积不得超过填土总体积的 15%；室内的或有路面的道路下的基坑（槽）或管沟不得用含有冻土块的土回填，回填应连续进行，以免基土受冻。

13. 土方工程中如何检查填土压实的质量？

✧ 用环刀法取样测得填压土的实际干密度 ρ_d。其取样组数为：基坑回填每 20 ~ 50 m^3 取样一组（每个基坑不少于一组）；基槽或管沟回填每层按长度 20 ~ 50 m 取样一组；室内填土每层按 100 ~ 500 m^2 取样一组；场地平整填方每层按 400 ~ 900 m^2 取样一组。取样部位应在每层压实后的下半部。

✧ 用击实试验先求得含水量-干密度曲线，再求得最大干密度 $\rho_{d\max}$。

✧ 求得土的密实度（压实系数）$\lambda = \rho_d / \rho_{d\max}$，与设计值相比，即可知道各处的填土压实质量。

14. 土方工程质量检评的保证项目有哪些？

✧ 柱基、基坑、基槽和管沟基底的土质必须符合设计要求，并严禁扰动。

✧ 填方的基底处理必须符合设计要求和施工规范的规定。

✧ 填方和柱基、基坑、基槽和管沟回填的土料必须符合设计要求和施工规范的规定。

✧ 填方和柱基、基坑、基槽和管沟的回填，必须按规定分层夯实。

15. 土方工程质量检评的允许偏差项目有哪些？

✧ 土方工程质量检评的允许偏差项目见表 1.9。

✧ 检查数量：标高、柱基按总数抽查 10%，但不少于 5 个，每个不少于 2 点；基坑每 20 m^2 取 1 点，每坑不少于 2 点。

✧ 基槽、管沟、排水沟、路面基层每 20 m 取 1 点，但不少于 5 点。

✧ 挖方、填方、地面基层每 30 ~ 50 m^2 取 1 点，但不少于 5 点。

✧ 场地平整每 100 ~ 400 m^2 取 1 点，但不少于 10 点。

✧ 长度、宽度和边坡均为每 20 m 取 1 点，每边不少于 1 点。

✧ 表面平整度每 30 ~ 50 m^2 取 1 点。

任务训练

学生以小组形式工作，在教师指导下，参与现场土方施工实训锻炼，以施工现场实际施工情况为参考，熟悉施工图纸、地质勘察报告等，拟订土方施工方案，编写土方施工书面技术交底。

附录

工程地质勘察报告（摘要）

一、场地工程地质及水文地质条件

1. 地形、地貌及环境条件

拟建场地地貌上属于某海湖相沉积平原区，场地原主要为稻田，局部为水塘、水渠，地势总体上较平坦，地面高程一般 3.0 m 左右。场地紧临公路，交通便利，南与已建民房相望，三面空旷，周围环境良好。

2. 地基土构成及其工程地质特征

依据野外钻探编录、土工试验成果和静力触探曲线资料，将勘探深度内地基土划分为 7 个岩土工程层，其中③层细分为 2 个亚层，⑤层细分为 3 个亚层，共计 10 个岩土工程单元层，各特征现自上而下评述如下。

① 层素填土：灰黄色，松散，稍湿，上部主要以耕土为主，含有大量的植物根茎，下部为可塑状粉质黏土；层厚 0.20 ~ 1.20 m，层底标高 2.10 ~ 3.28 m；中高压缩性，全场地分布。

② 层黏土：黄色，浅黄色，可塑状为主，湿—饱和，切面较粗，可见大量的氧化物薄膜，韧性中软，摇振反应慢，干强度中等，无光泽，局部相变为粉质黏土；层厚 0.50 ~ 2.20 m，层顶埋深 0.20 ~ 1.20 m，层底标高 0.58 ~ 2.22 m。中等压缩性，全场地分布。

③ −1 层黏土：褐色—浅黄色，硬可塑状，饱和，切面光滑，有油脂光泽，含有灰黄色铁锰质氧化物结核，干强度中等，韧性中硬；层厚 2.30 ~ 5.90 m，层顶埋深 1.00 ~ 2.50 m，层底标高 −4.53 ~ −0.42 m。中等压缩性，分布不均匀。

③ −2 层黏土：灰黄色，软塑状，饱和，切面较粗，粉质含量一般，含有少量的白云母细片及氧化物薄膜，干强度中低，韧性软；层厚 0.90 ~ 3.60 m，层顶埋深 3.90 ~ 7.50 m，层底标高 −6.63 ~ −2.22 m。中高压缩性，分布不均匀。

④ 层淤泥质粉质黏土：灰色，流塑状，饱和，切面较滑，无光泽，干强度中等，韧性中软，局部相变为软—流塑状粉质黏土；层厚 0.70～8.50 m，层顶埋深 4.50～9.60 m，层底标高－10.72～－6.68 m。高压缩性，全场地分布。

⑤－1 亚层黏质粉土：灰色，稍～中密状，饱和，含有大量的白云母细片，切面粗糙，摇振反应迅速，局部为层状的粉土夹薄层粉质黏土；层厚 0.50～4.40 m，层顶埋深 9.80～13.70 m，层底标高－11.96～－7.52 m；中等压缩性，分布不均匀。

⑤－2 亚层砂质粉土：灰色，中—密状，饱和，稍有光泽，含有大量的白云母细片，摇振反应迅速；揭露层厚 1.00～8.40 m，层顶埋深 9.80～14.90 m，层底标高－16.00～－11.29 m。中低压缩性，全场地分布。

⑤ 亚层粉质黏土：灰色，软塑状，饱和，切面粗，粉质含量高，具有层状结构，夹有薄层粉土，含有大量的白云母细片，摇振反应迅速；揭露层厚 0.50～3.0 m，层顶埋深 14.50～18.50 m；中高压缩性，分布不均匀。

⑥ 层黏土：灰色，软—流塑，饱和，切面光滑，稍有光泽，干强度中等，该层顶部多为软塑粉质黏土夹薄层粉土，可见少量的云母碎肩；揭露层厚 0.10～9.20 m，层顶埋深 16.50～20.50 m；高压缩性，全场地分布。

⑦ 层粉砂：棕色，灰黄色，饱和，摇振反应迅速，含大量的白云母细片，局部夹有钙泥质姜核；揭露最大层厚 2.50 m，层顶埋深 27.40～27.50 m；中低等压缩性，仅 Z2、Z3 孔揭示。

据区域地质资料可知，本区第四系覆盖层厚度一般在 50 m 左右。

3. 地基土物理力学指标统计与设计参数建议值确定

地基土物理力学指标统计按《岩土工程勘察规范》（GB 50021—2001）要求进行，依据法则，首先去掉明显不合理或偏差过大的数据，按岩土工程单元层分别统计其范围值、算术平均值和变异系数（统计数少于 6 个的不统计变异系数）；静探指标为厚度加权平均值。岩土设计参数建议值主要依据上述统计结果查阅相应规范，并参照地区土建经验综合确定，详见《地基土物理力学指标数理统计表》及《地基土物理力学指标设计参数表》。

4. 地下水简况

据钻探揭示，场地地下水主要为孔隙潜水和孔隙承压水。前者主要附存于①、②层内，渗透性较弱，水量贫乏，水动态主要受大气降水和地表水补给影响，年变幅为 0.80～1.20 m。后者主要赋存在⑤层粉土和⑦层粉砂中，渗透性弱，水量贫乏，主要受侧向补给影响，深井抽水为主要排泄方式。钻探期间承压水位与潜水位基本持平，测得地下水位埋深在 0.20～1.10 m 范围内。本场地环境类别为Ⅱ类，据《1：1 万于某城区供水水文地质普查报告》水质分析资料可知，该场地地下水水质对混凝土结构和钢筋混凝土结构中的钢筋无腐蚀性，对钢结构具弱腐蚀性。

场地钻孔柱状图如下：

钻孔柱状图

工程名称					工程编号	20087026	钻孔编号	Z22	X坐标(m)	
Y坐标(m)		孔口高程(m)	3.30		终孔深度(m)	18.50	开孔日期		终孔日期	
开孔直径(m)	146	终孔直径(m)	91		初始水位(m)		稳定水位(m)	1.10	承压水位(m)	

地层编号	地层名称	高程(m)	深度(m)	厚度(m)	柱状图图例 1∶100	地层描述	压缩模量
①	素填土	3.00	0.30	0.30		素填土：灰黄色，松散，稍湿，主要以耕土为主，含有大量的植物根茎	6.99
②	黏土	1.50	1.80	1.50		黏土：黄色，浅黄色，软~可塑状为主，湿~饱和，切面较粗，可见大量的氧化物薄膜，韧性中软，摇振反应慢，干强度中等，无光泽	
③-1	黏土	-1.90	5.20	3.40		黏土：褐色~浅黄色，硬可塑状，饱和，切面光滑，有油脂光泽，含有灰黄色铁锰质氧化物结核，干强度中等，韧性中硬，1.8~2.9 m，灰褐色硬塑状粉质黏土	
③-2	黏土	-4.40	7.70	2.50		黏土：灰黄色，软塑状，饱和，切面较粗，粉质含量一般，含有少量的白云母细片及氧化物薄膜，干强度中低，韧性软，5.7~7.7 m变为棕黄色	
④	淤泥质粉质黏土	-7.20	10.50	2.80		淤泥质粉质黏土：灰色，流塑状，饱和，切面较滑，无光泽，干强度中等，韧性中软	
⑤-2	砂质粉土	-13.40	16.70	6.20		砂质粉土：灰色，中~密状，饱和，稍有光泽，含有大量的白云母细片，摇振反应迅速	
⑤-3	粉质黏土	-15.20	18.50	1.80		粉质黏土：灰色，软塑状，饱和，切面粗，粉质含量高，具有层状结构，夹有薄层粉土，含有大量的白云母细片，摇振反应迅速，18.5 m时，粉质含量变少，土质变差	

工程勘察院	工程负责人		审核		核对	

图 1.15

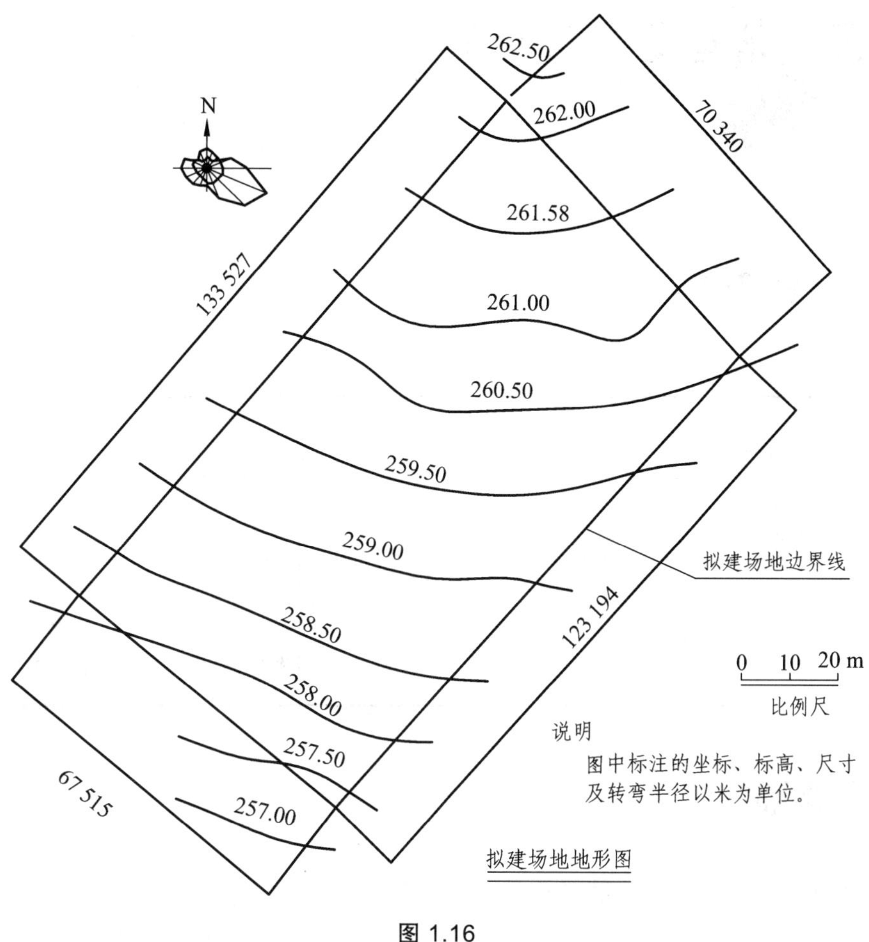

图 1.16

学习方法建议

➢ 自主学习

学生在教师的引导下，以小组讨论、自主学习的形式工作。通过查资料、规范、网上资源以及教材、学材的学习等多种方式完成训练任务。

➢ 小组发言

各小组选派一名代表讲解本小组完成训练任务的过程及结果，小组其他成员予以补充。

➢ 评　　价

小组之间按照统一标准，对各小组回答问题、完成任务的过程及结果进行互评（可参考附录评价表格式进行）。

项目二　地基处理与加固

学习导航

序号	学习目标	知识要点	权重
1	能明确分清楚地基与基础	地基与基础的概念与作用	30%
2	熟悉局部地基处理的方法	局部地基的处理	40%
3	了解常用几种软土地基加固方法	换填垫层法、强夯法、水泥粉煤灰碎石桩、高压旋喷地基施工、深层搅拌地基施工	30%

导学

1. 什么是地基？什么是基础？

基础通常是指埋藏在地面以下建筑物的下部结构，按其埋置深度及施工方法将基础分为浅基础和深基础，而地基是指承受由基础传来荷载的地层（土层或岩层）。地基的主要作用是承托建筑物的基础。

2. 什么是地基承载力？

地基土的承载力是指在保证地基稳定的情况下，建（构）筑物地基变形值不大于地基变形允许值时，地基单位面积上所能承受的最大压力。

《建筑地基基础设计规范》（GB 50007—2002）提出了一个地基承载力特征值的概念，并提出地基承载力特征值可由载荷试验或其他原位测试、公式计算，同时结合工程实践经验等方法综合确定。

3. 地基处理问题和处理的方法主要有哪些？

概括有：强度及稳定性问题；压缩及不均匀沉降问题；地下水流失及潜蚀和管涌问题；动力荷载作用下的液化、失稳和震陷问题。

地基处理的方法很多，常采用的人工地基处理方法有换填垫层法、强夯法、砂石桩法、振冲法、水泥土搅拌法、高压喷射注浆法、预压法、夯实水泥土桩法、水泥粉煤灰碎石桩法、石灰桩法、灰土挤密桩法和土挤密桩法、柱锤冲扩桩法、单液硅化法和碱液法等。

4. 松土坑出现在基槽范围中时，该如何处理?

将坑中松软土挖除使坑底及四壁均见天然土为止，回填与天然土压缩性相近的材料。当天然土为砂土时，用砂或级配砂石回填；当天然土为较密实的黏性土，用 3∶7 灰土分层回填夯实；天然土为中密可塑的黏性土或新近沉积黏性土，可用 1∶9 或 2∶8 灰土分层回填夯实；每层厚度不大于 20 cm。

5. 松土坑范围较大，在基槽中且超出基槽边缘线或长度超过 5 m 时，该如何处理?

因条件限制，槽壁挖不到天然土层时，则应将该范围内的基槽适当加宽，宽度可按下述条件确定：当用砂土或砂石回填时，基槽壁边均应按 $l_1 : h_1 = 1 : 1$ 坡度放宽；用 1∶9 或 2∶8 灰土分层回填时，基槽每边应按 $b : h = 0.5 : 1$ 坡度放宽；用 3∶7 灰土分层回填时，如坑的长度小于 2 m，基槽可不放宽，但灰土与槽壁接触处应夯实。

松土坑范围较大，且长度超过 5 m 时，如坑底土质与一般槽底土质相同，可将此部分基础加深，做 1∶2 的踏步与两端相接，每步高不大于 50 cm，长度不小于 100 cm。如深度较大，用 3∶7 灰土分层回填夯实至坑（槽）底一平。

松土坑较深且大于槽宽时，按以上要求处理挖到老土，槽底处理完毕后，还应适当考虑加强上部结构的强度，在灰土基础上 1～2 皮砖处（或混凝土基础内）、防潮层下 1～2 皮砖处及首层顶板处，加配 $4\phi 8 \sim 12$ mm 钢筋 跨过该松土坑两端各 1 m，以防产生过大的局部不均匀沉降。

6. 松土坑下水位较高时，该如何处理?

当坑下水位较高，坑内无法夯实时，可将坑（槽）中软弱的松土挖去后，再用砂土、砂石或混凝土代替灰土回填。

如坑底在地下水位以下时，回填前先用粗砂与碎石（比例为 1∶3）分层回填夯实；地下水位以上用 3∶7 灰土回填夯实至要求高度。

7. 在室内外的基础附近出现土井或砖井时，如何处理?

如在室外的土井或砖井距基础边 5 m 以内时，先用素土分层夯实，回填到室外地坪以下 1.5 m 处，将井壁四周砖圈拆除或挖去松软部分，然后用素 土分层回填夯实。

在室内，且在基础附近的土井或砖井时，将水位降低到最低可能的限度，用中、粗砂及石块、卵石或碎块等回填到地下水位以上 50 cm。砖井应将四周砖圈拆至坑（槽）底以下 1 m

或更深些，然后再用素土分层回填并夯实，如井已回填，但不密实或有软土，可用大块石将下面软土挤紧，再用素土分层回填并夯实。

8. 基础下局部遇障碍物或旧圬工时，如何处理？

（1）当基底下有旧墙基、老灰土、化粪池、树根、砖窑底、路基、基岩、孤石等，应尽可能挖除或拆毁，使至天然土层，然后分层回填与地基天然土压缩性相近的材料或 3∶7 灰土，并分层夯实或加深基础。

（2）如硬物挖除困难，可在其上设置钢筋混凝土过梁跨越，并与硬物间保留一定空隙，或在硬物上部设置一层软性褥垫（砂或土砂混合物）以调整沉降。

9. 基础下有古墓、地下坑穴时，如何处理？

（1）墓穴中填充物如已恢复原状结构的可不处理。

（2）墓穴中填充物如为松土，应将松土杂物挖出，分层回填素土或 3∶7 灰土，夯实到土的密度达到规定要求。

（3）如古墓中有文物，应及时报主管理部门或当地政府处理。

10. 什么是砂和砂石垫层换填法？

砂和砂石地基是采用级配良好、质地坚硬的中粗砂和碎石、卵石等，经分层夯实，作为基础的持力层，提高基础下地基强度，降低地基的压应力，减少沉降量，加速软土层的排水固结作用。

砂石垫层应用范围广泛，施工工艺简单，用机械和人工都可以使地基密实，工期短，造价低；适用于 3.0 m 以内的软弱、透水性强的黏性土地基，不适用加固湿陷性黄土和不透水的黏性土地基。

11. 什么是灰土垫层换填法？

灰土地基是将基础底面以下一定范围内的软弱土挖去，用灰土土料、石灰、水泥等材料进行混合，经夯实压密后所构成的坚实地基。

灰土地基施工工艺简单，费用较低，适用于一般工业与民用建筑的基坑、基槽、室内地坪、管沟、室外台阶和散水等，适用于加固处理 1 ~ 3 m 厚的软弱土层。

12. 什么是强夯法？

强夯法具有施工速度快、造价低、设备简单，能处理的土壤类别多等特点，是我国目前最为常用和最经济的深层地基处理方法之一。

施工时用起重机将很重的锤（一般为 8 ~ 40 t）起吊至高处（一般为 6 ~ 30 m），使其自由落下，产生的巨大冲击能量和振动能量给地基以冲击和振动，从而在一定的范围内提高地基土的强度，降低其压缩性，达到地基受力性能改善的目的。强夯法适用于碎石土、砂性土、黏性土、湿陷性黄土和回填土。

13. 什么是水泥粉煤灰碎石桩挤密法?

水泥粉煤灰碎石桩（CFG）是由水泥、煤粉灰、碎石、石屑或砂加水拌和形成的高黏结强度桩，由桩、桩间土和褥垫层一起构成的复合地基。水泥粉煤灰碎石桩是在碎石桩的基础上发展起来的，这种桩是一种低强度混凝土桩，由它组成的复合地基能够较大幅度提高承载力。

水泥粉煤灰碎石桩适用于多层和高层建筑，处理黏性土、粉土、砂土、松散填土等地基的施工。对淤泥质土应按地区经验或通过现场试验确定其适用性。

14. 什么是高压喷射注浆法?

高压喷射注浆法就是利用钻机把带有喷嘴的注浆管钻入（或置入）至土层预定的深度，以 20 ~ 40 MPa 的压力把浆液或水从喷嘴中喷射出来，形成喷射流冲击破坏土层及预定形状的空间。当能量大、速度快和脉动状的喷射流的动压力大于土层结构强度时，土颗粒便从土层中剥落下来，一部分细粒土随浆液或水冒出地面，其余土颗粒在射流的冲击力、离心力和重力等作用下，与浆液搅拌混合，并按一定的浆土比例和质量大小，有规律地重新排列。这样注入的浆液将冲下的部分土混合凝结成加固体，从而达到加固土体的目的。它具有增大地基强度、提高地基承载力、止水防渗、减少支挡结构物的土压力、防止砂土液化和降低土的含水量等多种功能。

15. 什么是深层搅拌法?

深层搅拌法（也称湿法）是水泥土搅拌法的一种，水泥土搅拌法还包括粉体喷搅法（简称干法）。深层搅拌法是使用水泥浆作为固化剂的水泥土搅拌法，而粉体喷搅法是以干水泥粉或石灰粉作为固化剂的水泥土搅拌法。

水泥土搅拌法是以水泥作为固化剂的主剂，通过特制的搅拌机械边钻边往软土中喷射浆液或雾状粉体，在地基深处将软土和固化剂（浆液或粉体）强制搅拌，使喷入软土中的固化剂与软土充分拌和在一起，利用固化剂和软土之间产生的一系列物理化学反应，形成抗压强度比天然土强度高得多，并具有整体性、水稳定性和一定强度的水泥加固土桩柱体，由若干根这类加固土桩柱体和桩间土构成复合地基，从而达到提高地基的承载力和增大变形模量的目的。

深层搅拌法是用于加固饱和黏性土地基的一种新技术。

任务训练

学生以小组形式工作，参观地基处理施工现场，说明施工现场使用的是哪种地基处理方法，说明选用此种方法的理由与施工要点。

学习方法建议

➢ 自主学习

学生在教师的引导下，以小组讨论、自主学习的形式工作。通过查资料、规范、网上资源以及教材、学材的学习等多种方式完成训练任务。

➢ 小组发言

各小组选派一名代表讲解本小组完成训练任务的过程及结果，小组其他成员予以补充。

➢ 评　　价

小组之间按照统一标准，对各小组回答问题、完成任务的过程及结果进行互评（可参考附录评价表格式进行）。

项目三　基础工程施工

学习导航

序号	学习目标	知识要点	权重
1	能明确认识各种浅基础	浅基础的类型	10%
2	识读砖基础施工图，了解砖基础施工工艺	砖基础施工	15%
3	识读混凝土基础图，了解混凝土基础施工工艺	钢筋混凝土基础施工	25%
4	能参与基础施工质量检查	基础施工质量检查	10%
5	了解桩基础的分类	桩基础的分类	10%
6	了解钢筋混凝土预制桩的施工流程	钢筋混凝土预制桩的施工	15%
7	了解混凝土灌注桩的施工流程	混凝土灌注桩的施工	15%

3.1　浅基础施工

学习重点： 1. 明确认识几种浅基础的图示
2. 知道砖基础和钢筋混凝土基础的施工工艺
学习难点： 识读基础平面图与剖面图

导学

1. 浅基础与深基础如何划分？

✧ 浅基础：埋置深度在 5 m 以内的基础
✧ 深基础：埋置深度在 5 m 以上的基础

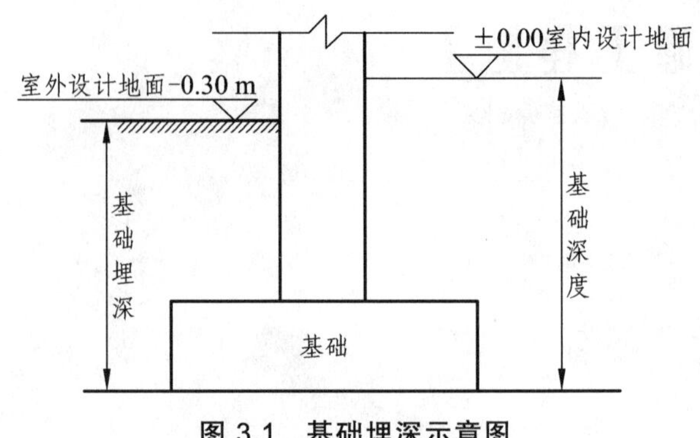

图 3.1 基础埋深示意图

2. 浅基础有哪些形式?

✧ 浅基础按受力特点分有：刚性基础和柔性基础。

✧ 浅基础按构造形式分有：单独基础、带形基础、交梁基础、筏板基础等。单独基础也称独立基础，多呈柱墩形，截面可做成阶梯形或锥形等。带形基础是指长度远大于其高度和宽度的基础，常见的是墙下条基，材料有砖、毛石、混凝土和钢筋混凝土等。交梁基础是在柱下带形基础不能满足地基承载力要求时，将纵横带形基础连成整体而成，使基础纵横两向均具有较大的刚度。

✧ 浅基础按不同材料分有：砖基础、毛石基础、灰土基础、混凝土基础、毛石混凝土基础、碎砖三合土基础和钢筋混凝土基础等。

3. 什么是刚性基础、柔性基础?

✧ 用抗压强度较大，而抗弯、抗拉强度较小的材料建造的基础，如砖、毛石、灰土、混凝土、三合土等基础均属于刚性基础。刚性基础的最大拉应力和剪应力必定在其变截面处，其值受基础台阶的宽高比（挑出部分的宽度以其对应的高度之比）影响很大。因此，刚性基础控制台阶的宽高比是个关键。混凝土、砖、毛石基础的宽高比允许值依次为：1∶1、1∶1.5、1∶1.25～1∶15。

✧ 用钢筋混凝土建造的基础叫柔性基础。它的抗弯、抗压、抗拉的能力都很大，适用于地基土比较软弱，上部结构荷载较大的基础。

4. 什么是砖基础?

是指以砖为砌筑材料形成的建筑物基础，如图 3.2 所示。

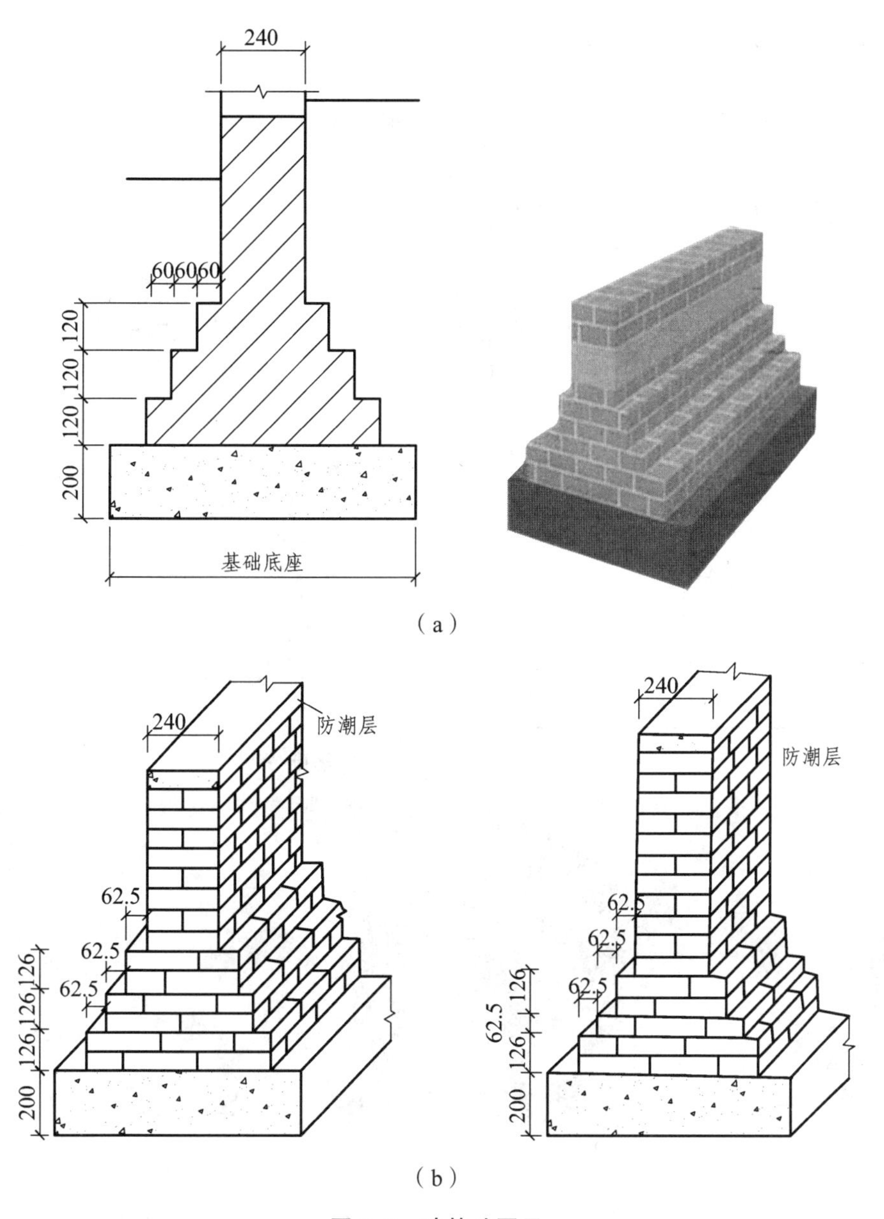

图 3.2　砖基础图示

5. 砖基础施工要注意些什么?

✧ 基槽（坑）开挖。应设置好龙门桩及龙门板，标明基础、墙身和轴线的位置。

✧ 大放脚的形式：当地基承载力大于 150 kPa 时，采用等高式大放脚，即两皮一收；否则应采用不等高式大放脚，即两皮一收与一皮一收相间隔，基础底宽应根据计算而定。

✧ 砖基础若不在同一深度，则应先由底往上砌筑。在高低台阶接头处，下面台阶要砌一定长度（一般不小于基础扩大部分的高度）的实砌体，砌到上面后与上面的砖一起退台。

✧ 砖基础接槎应留成斜槎，如因条件限制留成直槎时，应按规范要求设置拉结筋。

6. 说明砖基础的施工工艺。

✧ 拌制砂浆→确定组砌方法→排砖撂底→砌筑→抹防潮层。

7. 什么是扩展基础？扩展基础有哪些构造要求？

✧ 扩展基础是指柱下钢筋混凝土独立基础和墙下钢筋混凝土条形基础。这种基础由于钢筋混凝土的抗弯性能好，可充分放大基础底面尺寸，达到减小地基应力的效果，同时可有效地减小埋深，节省材料和土方开挖量，加快工程进度。

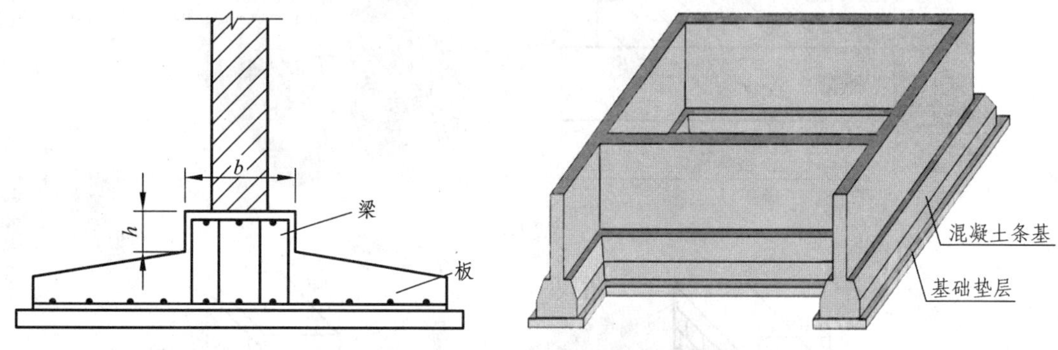

图 3.3　钢筋混凝土条形基础

图 3.4　柱下独立基础

✧ 它适用于 6 层和 6 层以下的一般民用建筑和整体式结构厂房承重的柱基和墙基。

✧ 锥形基础（条形基础）边缘高度一般不小于 200 mm；阶梯形基础的每阶高度一般为 300 ~ 500 mm。基础高度小于 350 mm 时用一阶，大于 900 mm 时用三阶，其余为二阶。为使扩展基础有一定的刚度，基础台阶的宽高比不大于 2.5。

✧ 垫层厚度一般为 100 mm，混凝土强度等级为 C10，基础混凝土强度等级不宜低于 C15。

✧ 底板受力钢筋的最小直径不宜小于 8 mm；当有垫层时钢筋保护层的厚度不宜小于 35 mm，无垫层时不宜小于 70 mm。

✧ 钢筋混凝土条形基础在 T 形和十字形交接处的钢筋应沿一个主要受力方向通长放置。

✧ 柱基础纵向钢筋除应满足冲切要求外，尚应满足锚固长度的要求。当基础高度在

900 mm 以内时，插筋应伸至基础底部的钢筋网，并在端部做成直弯钩；当基础高度较大时，位于柱子四角的插筋须伸至基础底部外，其余的钢筋只需伸至锚固长度即可。

8. 什么是筏形基础?

✧ 筏形基础由整块式钢筋混凝土平板或板与梁等组成，它在外形和构造上像倒置的钢筋混凝土平面无梁楼盖或肋形楼盖，分为平板式和梁板式两类。前者一般在荷载不很大、柱网较均匀且间距较小的情况下采用；后者用于荷载较大的情况。由于筏形基础扩大了基底面积，增强了基础的整体性，抗弯刚度大，故可调整和避免结构物局部发生显著的不均匀沉降。适用于地基土质软弱又不均匀（或有人工垫层的软弱地基）、有地下室或当柱子或承重墙传来的荷载很大的情况，或建造 6 层、6 层以下横墙较密集的民用建筑中。

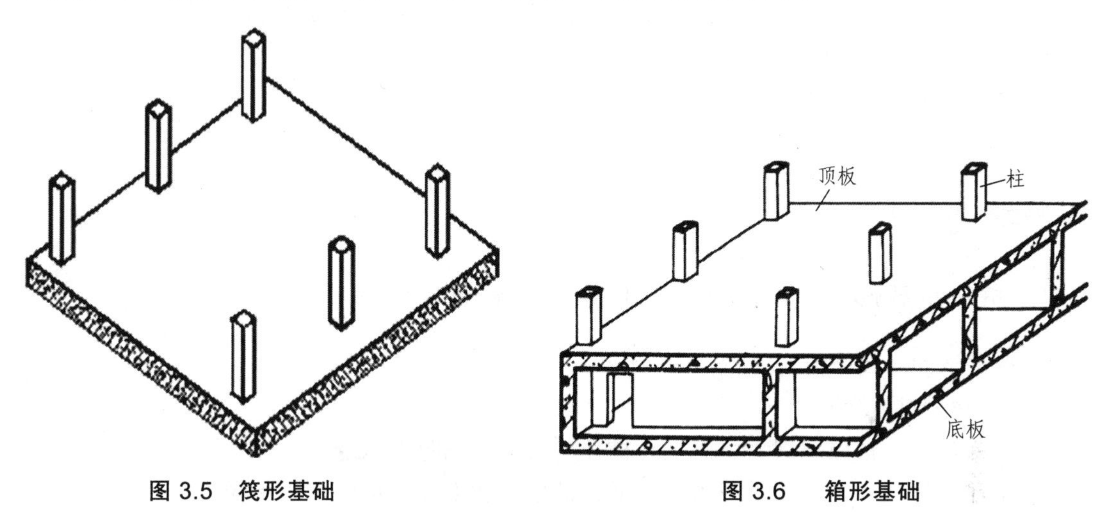

图 3.5　筏形基础　　**图 3.6　箱形基础**

9. 什么是箱形基础?

✧ 箱形基础是由钢筋混凝土底板、顶板、外墙和一定数量的内隔墙构成一封闭空间的整体箱体，基础中空部分可在内隔墙开门洞作地下室。它具有整体性好，刚度大，调整不均匀沉降及抗震能力强，可消除因地基变形使建筑物开裂的可能性，减少基底处原有地基自重应力，降低总沉降量等特点。适于作软弱地基上的面积较大、平面形状简单，荷载较大或上部结构分布不均的高层建筑物的基础，对建筑物沉降有严格要求的设备基础或特种构筑物基础，特别在城市高层建筑物基础中得到较广泛的采用。

10. 说明钢筋混凝土条形基础施工工艺。

基槽清理、验槽→混凝土垫层浇筑、养护→抄平、放线→基础底板钢筋绑扎、支模板→ 相关专业施工（如避雷接地施工）→钢筋、模板质量检查，清理→基础混凝土浇筑→混凝土养护→拆模。

任务训练

1. 由教师提供基础施工平面图与剖面图，并予以讲解。

2. 学生以小组形式工作，选取一种基础形式，通过查规范、资料等多种方式，分析该形式基础的施工工艺和施工要点，并进行浅基础施工技术交底。

3.2 桩基础施工

学习重点： 1. 了解桩的分类
2. 了解钢筋混凝土预制桩制作、运输、堆放的基本原则
3. 了解打桩的基本工艺

学习难点： 对桩的施工工艺的学习

导学

1. 桩按承载形式、材料组成和使用功能分有哪些类型？

✧ 桩按承载形式分为：

（1）摩擦型桩。

① 摩擦桩。在极限承载力状态下，桩顶荷载由桩侧阻力承受。

② 端承摩擦桩。在极限承载力状态下，桩顶荷载主要由桩侧阻力承受。

（2）端承型桩。

① 端承型。在极限承载力状态下，桩顶荷载由桩端阻力承受。

② 摩擦端承桩。在极限承载力状态下，桩顶荷载主要由桩端阻力承受。

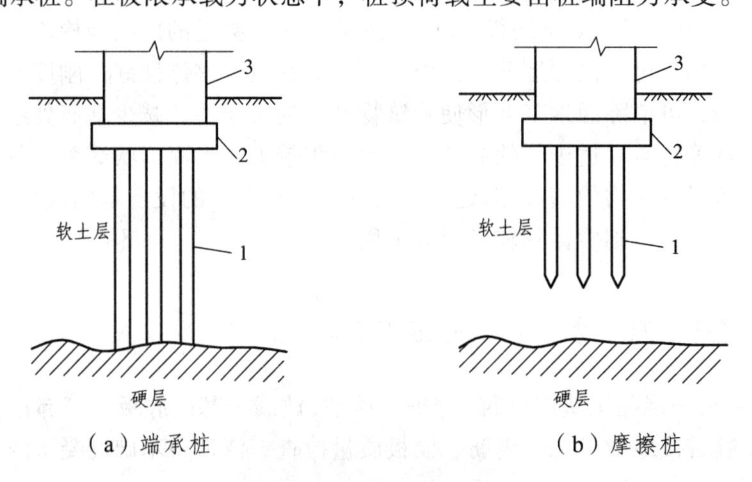

（a）端承桩　　（b）摩擦桩

图 3.7　端承桩与摩擦桩

1—桩；2—承台；3—上部结构

✧ 按桩身材料分类有：混凝土桩，如灌注桩、预制桩；钢桩，如钢管桩、型钢桩；组合材料桩，指两种材料组合的桩，如钢管混凝土桩或上部为钢管下部为混凝土的桩。

✧ 按桩的使用功能分类有：竖向抗压桩；竖向抗拔桩；水平荷载桩；复合荷载桩。

（a）管桩

（b）方桩

图 3.8 预制管桩与方桩

2. 制作混凝土预制桩应注意些什么？

（1）混凝土预制桩预制时，上层桩的混凝土应待下层桩的混凝土达到设计强度的 30% 以后进行，桩的重叠一般不宜超过 4 层。

（2）长桩可分节制作，单节长度应满足桩架的有效高度、制作场地条件、运输及装卸能力等的要求，并应避免在桩尖接近硬持力层或处于硬持力层中接桩。

（3）桩中的钢筋应保证位置的正确，桩尖应位于纵轴线上；钢筋骨架主 筋连接宜采用对焊或电弧焊，主筋接头配置在同一截面内的数量不得超过 50%；相邻两根主筋接头截面的距离应不大于 35*d*（*d* 为主筋直径），且不小于 500 mm。桩顶 1 m 范围内不应有接头。纵向钢筋顶部的保护层不应过厚。

（4）混凝土强度等级应不低于 C30（静压桩的强度等级应不低于 C20），粗骨料用 5 ~ 40 mm 碎石或卵石，用机械拌制混凝土，坍落度不大于 6 cm，混凝土应由桩顶向桩尖方向连续浇筑，并用振捣器仔细捣实。浇筑完毕应护盖洒水养护不少于 7 d。

图 3.9 砼预制桩堆放

3. 混凝土预制桩起吊、运输和堆放应注意些什么？

（1）起吊　当桩的混凝土达到设计强度标准值的 70% 后方可起吊，吊点应系于设计规定之处，如无吊环，可按所示位置设置吊点起吊。在吊索与桩间应加衬垫，平稳提升，保护桩身质量，防止撞击和受振动。

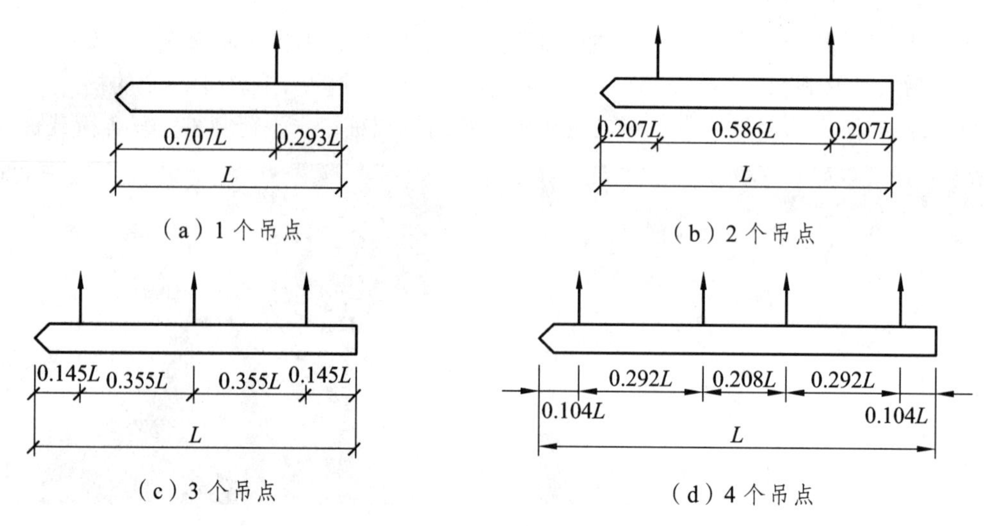

图 3.10　吊点的合理位置

（2）运输　桩运输时的强度应达到设计标准值的 100%。装载时桩支承应按设计吊钩位置或接近设计吊钩位置叠放平稳并垫实；长桩采用挂车运输时，桩不宜设活动支座，严禁在现场以直接拖拉桩体方式代替装车运输。

（3）堆放　堆放场地应平整坚实，排水良好。桩的支承点应设在吊点或其近旁处，保持在同一横断平面上，各层垫木应上下对齐，并支承平稳，堆放层数不宜超过 4 层。

4. 什么是锤击沉桩法?

锤击法也称打入法，是利用桩锤落到桩顶上的冲击力来克服土对桩的阻力，使桩沉到预定的深度或达到持力层的一种打桩施工方法。该方法是混凝土预制桩常用的沉桩方法，施工速度快，机械化程度高，适应范围广，但施工时易产生挤土、噪声和振动现象，在城区和夜间施工有所限制。

5. 打入桩有哪些常用的桩锤类型和常用的打桩桩架?

✧ 桩　锤

桩锤是对桩施加冲击力，将桩打入土中的主要机具，施工中常用的桩锤有落锤、单动汽锤、双动汽锤、柴油锤和振动桩锤。

用锤击法沉桩时，选择桩锤是关键。桩锤的选用应根据施工条件先确定桩锤的类型，后再确定锤的重量，锤的重量应大于或等于桩重；打桩时宜采用“重锤低击”，即锤的重量大而落距小，这样，桩锤不易产生回跳，桩头不容易损坏，而且桩容易打入土中。

✧ 桩　架

桩架是将桩吊到打桩位置，并在打桩过程中引导桩的方向不致发生偏移，保证桩锤能沿要求方向冲击。桩架种类和高度的选择，应根据桩锤的种类、桩的长度、施工地点的条件等确定。桩架目前应用最多的是滚筒式桩架、多功能桩架、步履式桩架和履带式桩架。

（1）滚筒式桩架行走靠两根钢滚筒在垫木上滚动，优点是结构比较简单，制作容易，但平面转弯、调头方面不够灵活，操作人员较多。适用于预制桩和灌注桩施工。

（2）多功能桩架的适应性很大，在水平方向可作 360° 旋转，导架可以伸缩和前后倾斜，底座下装有铁轮，底盘在轨道上行走。适用于各种预制桩和灌注桩施工。

（3）履带式桩架以履带起重机为底盘，增加导杆和斜撑组成部分，用以打桩。移动方便，比多功能桩架更灵活，适用于各种预制桩和灌注桩施工。

图 3.11　步履式桩架

6. 如何确定打桩顺序？

打桩顺序是否合理，直接影响打桩的进度和施工质量，确定打桩顺序时要综合考虑桩的密集程度、桩的深度、现场地形条件、土质情况及桩机移动是否方便等。

打桩顺序一般分为：由一侧开始向单一方向逐排打、自中央向两边打、自两边向中央打、分段打等方式，见图 3.12。

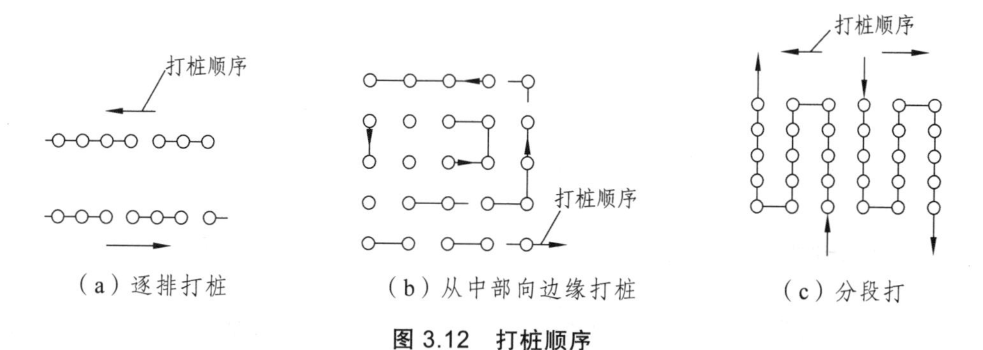

图 3.12　打桩顺序

确定打桩顺序应遵循以下原则：

（1）桩基的设计标高不同时，打桩顺序宜先深后浅。

（2）不同规格的桩，宜先大后小。

（3）在桩距大于或等于4倍桩径时，则与打桩顺序无关，只需从提高效率出发确定打桩顺序，选择倒行和拐弯次数最少的顺序。

（4）应避免自外向内，或从周边向中央进行，以避免中间土体被挤密，桩难以打入，或虽勉强打入，但使邻桩侧移或上冒。

7. 打混凝土预制桩时应注意些什么?

（1）桩插入时垂直度偏差不得超过0.5%。

（2）桩就位后，在桩顶安上桩帽，然后放下桩锤轻压桩帽。桩锤、桩帽和桩身中心线应在同一垂直线上。为了保护桩顶，应在桩顶和桩帽间、桩帽与桩锤间放上硬木、粗草纸或麻袋等桩垫作为缓冲层。

（3）打桩时宜用“重锤低击”，一般开始打入时，桩锤落距为0.6～0.8 m，待桩入土深度达1～2 m时，可适当增大落距，并逐渐提高到规定的数值，连续锤击。

（4）打桩过程应做好测量和记录，统计桩身每下沉1 m所需的捶击数和时间，以掌握其沉入速度和沉入的标高量。

（5）打桩入土的速度应均匀，锤击间歇时间不要过长。并经常检查桩架的垂直度，如偏差超过1%，则需及时纠正。

（6）打桩时应观察桩锤的回弹情况，如回弹较大则说明桩锤太轻，应及时更换。

（7）打桩时应注意贯入度的变化情况，当贯入度骤减，桩锤有较大回弹时，表明桩尖遇到障碍，此时应将桩锤的落距减小，加快锤击。如上述现象仍然存在，应停止锤击，寻找原因并及时处理。

8. 为保证打桩质量应遵循哪些停打原则?

为保证打桩质量，应遵循如下停打原则：

（1）桩端（指桩的全断面）位于一般土层时，以控制桩端设计标高为主，贯入度可作参考。

（2）桩端达到坚硬、硬塑的黏土、砂土、风化岩时，以贯入度控制为主，端桩标高可作参考。

（3）贯入度已达到而桩端标高未达到时，应继续锤击3阵，按每阵10击的贯入度不大于设计规定的数值加以确定。

（4）必要时施工控制贯入度应通过试验与有关单位会商确定。

9. 说明预制桩的施工工艺流程。

桩机就位→起吊预制桩→稳桩→打桩→接桩→送桩→中间检查验收→移机至下一个桩位。

10. 混凝土预制桩的接桩形式有哪些?

混凝土预制桩的接桩形式一般有：焊接、法兰接及硫黄胶泥锚接等三种。

（1）焊接时，先上下对准并垂直无误后，用点焊将拼接角钢连接固定，再检查位置正确后进行焊接。焊接时，应两人同时对角对称地进行。

（2）法兰接桩法是用法兰盘和螺栓连接，其速度快，耗钢量大，多用于混凝土管桩。

（3）前两种接桩法适合于各类土层，而硫黄胶泥锚接法适用于软土层。其使用的硫黄胶泥配合比应通过试验确定，一般可为：

硫黄：水泥：粉砂：聚硫胶 = 44：11：41：1

硫黄胶泥锚接方法是将熔化的硫黄胶泥注满锚筋孔内并溢出桩面，然后迅速将上段桩对准落下，待胶泥冷硬后，即可继续施打。

11. 什么是静力压桩法?

静力压桩是在均匀软弱土中利用静力压桩机或锚杆的自重和配重，将预制钢筋混凝土桩分节压入地基土中的一种沉桩方法。

静力压桩适用于软土、填土及一般黏性土层中应用，特别适宜于居民稠密及危房附近、环境要求严格的地区沉桩，但不宜用于地下有较多孤石、障碍物或有厚度大于 2 m 的中密以上砂夹层，以及单桩承载力超过 1 600 kN 的情况。

静压预制桩的施工，一般采用分段压入、逐节接长的方法进行，其主要施工程序为：测量定位→压桩机就位→吊桩→插桩→桩身对中调直→静压沉桩→接桩→再静压沉桩→送桩→终止压桩→切割桩头。

12. 什么是混凝土灌注桩?

灌注桩是直接在施工现场的桩位上成孔,然后在孔内灌注混凝土或钢筋混凝土的一种成桩工艺。与预制桩相比，灌注桩具有节约钢材、施工噪声低、振动小、挤土影响小、不需要接桩及截桩等优点。但成桩工艺复杂，施工速度较慢，质量影响因素较多，因此在成孔、安放钢筋、浇筑混凝土施工过程中，应加强控制和检查，预防颈缩、断裂和吊脚桩等质量事故的发生。

根据成孔工艺的不同，分为泥浆护壁钻孔灌注桩、沉管灌注桩、爆扩成孔灌注桩和人工挖孔灌注桩。

13. 泥浆护壁成孔灌注桩有哪几种成孔形式?

泥浆护壁成孔是利用泥浆保护稳定孔壁的机械钻孔方法。它通过循环泥浆将切削碎的泥石渣屑悬浮后排出孔外，适用于有地下水和无地下水的土层。

泥浆护壁钻孔灌注桩按成孔工艺和成孔机械的不同，可分为冲击成孔灌注桩、冲抓成孔灌注桩、回转钻成孔灌注桩和潜水钻成孔灌注桩。

14. 施工中泥浆起到什么作用？

泥浆具有排渣和护壁作用，根据泥浆循环方式，分为正循环和反循环两种施工方法。

15. 说明泥浆护壁成孔灌注桩的施工工艺。

制备泥浆→机械成孔→泥浆循环出渣→清孔→安放钢筋骨架→浇筑水下混凝土。

16. 什么是人工挖孔灌注桩？

人工挖孔灌注桩是用人工挖土成孔，然后安放钢筋笼，浇筑混凝土成桩。人工挖孔灌注桩的特点是：施工的机具设备简单，操作工艺简便，作业时无振动、无噪声、无环境污染，对周围建筑物影响小；施工速度快（可多桩同时进行）；施工费用低；当土质复杂时，可直接观察或检验分析土质情况；桩端可以人工扩大，以获得较大的承载力，满足一柱一桩的要求；桩底的沉渣能清除干净，施工质量可靠。是目前大直径灌注桩施工的一种主要工艺方式。其缺点是桩成孔工艺存在劳动强度较大，单桩施工速度较慢，安全性较差。

挖孔桩的直径一般为 0.8 ~ 2 m，最大直径可达 3.5 m；桩的长度一般在 20 m 左右，最深可达 40 m。

17. 人工挖孔桩需要哪些特殊的安全措施？

（1）桩孔内必须设置应急软爬梯供人员上下井，不得使用麻绳和尼龙绳吊挂或脚踏井壁凸缘上下。

（2）每日开工前必须检测井下有毒有害气体，并应有足够的安全防护措施，桩孔开挖深度超过 10 m 时，应有专门向井下送风设备，风量不宜少于 25 L/s。

（3）孔口四周必须设置不小于 0.8 m 高的围护护栏。

（4）挖出的土石方应及时运离孔口，不得堆放在孔口四周 1 m 范围内，机动车辆的通行不得对井壁的安全造成影响。

（5）孔内使用的电缆、电线必须有防磨损、防潮、防断等措施，照明应采用安全矿灯或 12 V 以下的安全灯，并遵守各项安全用电的规范和规章制度。

提示：

1. 桩基础是一种常用的深基础形式，当天然地基上的浅基础沉降量过大或地基承载力不能满足设计要求时，宜采用桩基础。明确工程地质勘察是桩基础设计与施工的重要依据。

2. 锤击沉桩施工速度快，机械化程度高，适用范围广，但噪声、振动和土体挤压都会对周围环境产生影响。施工中尽可能采用预防措施，减少噪声、振动公害。

3. 灌注桩施工中包括有成孔、钢筋笼制作安装、清孔和灌注混凝土等施工过程，成桩工艺较复杂，湿作业成孔时成桩速度慢，其成桩质量与施工好坏密切相关，成桩质量难以直观地进行检查。在灌注桩施工方案中要对质量事故认真分析，并采取相应的预防措施。

学习方法建议

➢ 自主学习

学生在教师的引导下，以小组讨论、自主学习的形式工作。通过查资料、规范、网上资源以及教材、学材的学习等多种方式完成训练任务。

➢ 小组发言

各小组选派一名代表讲解本小组完成训练任务的过程及结果，小组其他成员予以补充。

➢ 评　　价

小组之间按照统一标准，对各小组回答问题、完成任务的过程及结果进行互评（可参考附录评价表格式进行）。

项目四 脚手架工程施工

学习导航

序号	学习目标	知识要点	权重
1	能说出常用脚手架的种类	脚手架的分类	20%
2	了解脚手架的基本构造	脚手架的搭设	30%
3	认识脚手架搭设的安全性	脚手架的安全防护	30%
4	认识常用的几种垂直运输设施	垂直运输设施	20%

学习重点： 1. 了解脚手架的分类
2. 了解脚手架基本构造
学习难点： 脚手架的搭设

导学

1. 脚手架有哪些分类?

（1）按照与建筑物的位置关系分：外脚手架和里脚手架。

（2）按所用材料分：木脚手架、竹脚手架与金属脚手架。其中，钢管脚手架又可分为扣件式、碗口式、门式、承插式等。

（3）按用途分：操作脚手架、防护用脚手架、承重支撑用脚手架。操作脚手架又可分为结构作业脚手架和装修作业脚手架等。

（4）按构架方式分：多杆件组合式脚手架、框架组合式脚手架、格构件组合式脚手架和台架等。

（5）按立杆设置排数分：单排脚手架、双排脚手架、满堂脚手架（按施工作业范围满设的、两个方向各有三排以上立杆的脚手架）等。

（6）按支撑固定方式分：落地式脚手架、悬挑式脚手架、附着升降式脚手架和水平移动脚手架等。

2. 说明扣件式脚手架基本构造。

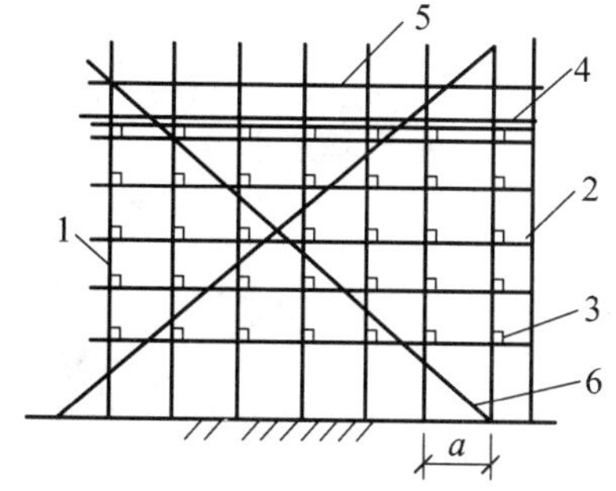

(a) 立面

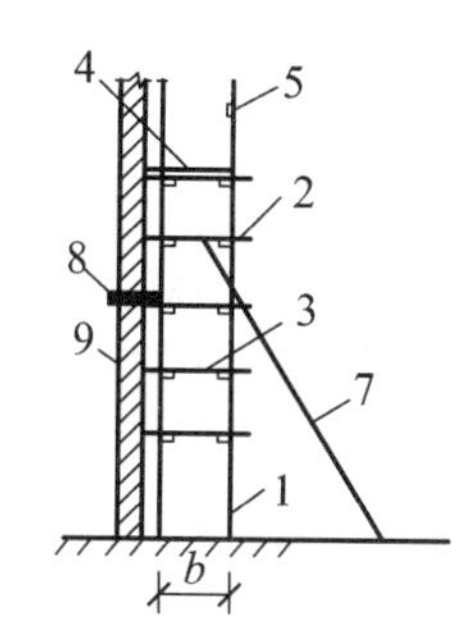

(b) 侧面（双排）

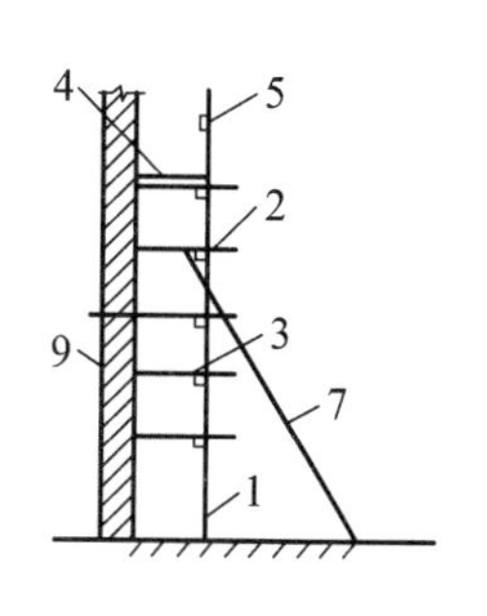

(c) 侧面（单排）

图 4.1 扣件式钢管外脚手架

1—立杆；2—大横杆；3—小横杆；4—脚手板；5—栏杆；
6—斜撑；7—抛撑；8—连墙杆；9—墙体

(a) 直角扣件

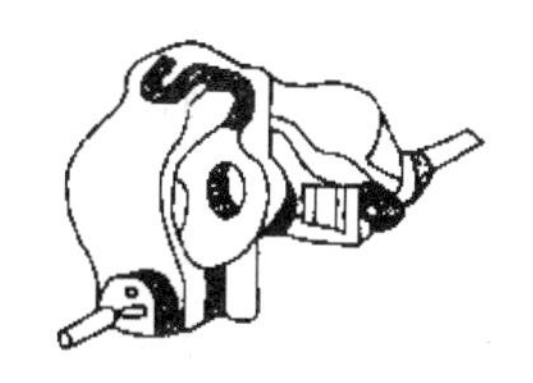

(b) 回转扣件

(c) 对接扣件

图 4.2 扣件形式

图 4.3 扣 件

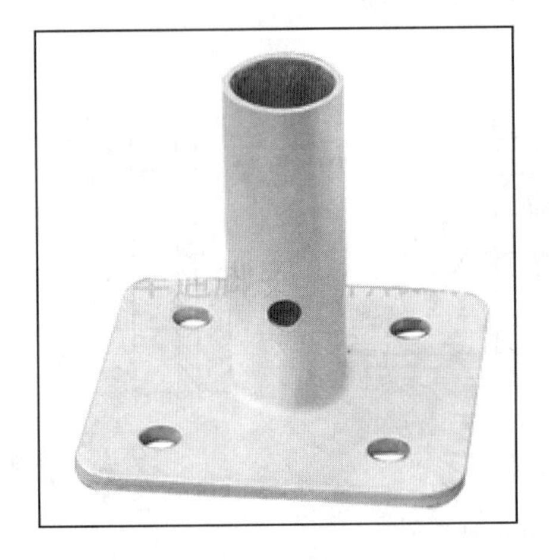

图 4.4 支 座

图 4.5 脚手板

图 4.6 连墙杆

图 4.7 剪刀撑

图 4.8　小横杆

图 4.9　大横杆

图 4.10　抛　撑

图 4.11　立　杆

3. 脚手架构架尺寸和杆件连接构造有哪些规定?

（1）双排结构脚手架和装修脚手架的立杆纵距与平杆步距应小于 2 m。

（2）作业层距地（楼）面高度大于 2 m 的脚手架，作业层铺板的高度不应小于：外脚手架为 750 mm，里脚手架为 500 mm。铺板边缘与墙面的间隙 应不大于 300 mm，与挡脚板的间隙应不大于 100 mm。当边侧脚手板不贴靠立杆时，应予可靠固定。

脚手架的杆件连接构造应符合以下规定：

（1）多立杆式脚手架左右相邻立杆和上下相邻平杆的接头应相互错开并置于不同的构架框格内。

（2）搭接杆件接头长度：扣件式钢管脚手架应≥0.8 m；木竹脚手架应不小于搭接杆段平均直径的 8 倍和 1.2 m。搭接部分的结扎应不小于 2 道，且结扎点间距应不大于 0.6 m。

（3）杆件在结扎处的端头伸出长度应不小于 0.1 m。

4. 脚手架连墙的设置有哪些规定?

当架高大于 6 m 时，必须设置均匀分布的连墙点，其设置应符合以下规定：

（1）门式钢管脚手架：当架高≤20 m 时，不小于 50 m^2 一个连墙点，且连墙点的竖向间距应≤6 m；当架高大于 20 m 时，不小于 30 m^2 一个点，且连墙点的竖向间距应在≤4 m。

（2）其他落地式脚手架：当架高≤20 m 时，不小于 40 m^2 一个点，且连墙点的竖向间距应≤6 m；当架高大于 20 m 时，不小于 30 m^2 一个点，且连墙点的竖向间距应≤4 m。

（3）脚手架上部未设置连墙点的自由高度不得大于 6 m。

（4）当设计位置及其附近不能装设连墙杆时，应采取其他可行的刚性拉结措施予以弥补。

5. 脚手架整体性拉结杆件设置有哪些规定?

脚手架应根据确保整体稳定和抵抗侧力作用的要求，按以下规定设置剪刀撑或其他有相应作用的整体性拉结杆件：

（1）周边交圈设置的单、双排木、竹脚手架和扣件式钢管脚手架，当架高为 6 ~ 25 m 时，应于外侧面的两端和其间按≤15 m 的中心距并自下而上连续设置剪刀撑；当架高 > 25 m 时，应于外侧面满设剪刀撑。

（2）周边交圈设置的碗扣式钢管脚手架，当架高为 9 ~ 25 m 时，应按不小于其外侧面框格总数的 1/5 设置斜杆；当架高 > 25 m 时，按不小于外侧面框格总数的 1/3 设置斜杆。

（3）门式钢管脚手架的两个侧面均应满设交叉支撑。当架高≤45 m 时，水平框架允许间隔一层设置；当架高 > 45 m 时，每层均满设水平框架。此外，架高≥20 m 时，还应每隔 6 层加设一道双面水平加强杆，并与相应的连墙件层同高。

（4）“一”字形单双排脚手架按上述相应要求增加 50% 的设置量。

（5）满堂脚手架应按构架稳定要求设置适量的竖向和水平整体拉结杆件。

（6）剪刀撑的斜杆与水平面的交角宜为 45° ~ 60°，水平投影宽度应不小于 2 跨或 4 m 和不大于 4 跨或 8 m。斜杆应与脚手架基本构架杆件加以可靠连接，且斜杆相邻连接点之间杆段的长细比不得大于 60。

（7）在脚手架立杆底端之上 100 ~ 300 mm 处一律遍设纵向和横向扫地杆，并与立杆连接牢固。

6. 墙体的哪些部位不得留设脚手眼?

（1）梁和梁垫下及其左右各 500 mm 范围内。

（2）在空斗墙、半砖墙和砖柱中。

（3）砖过梁上与过梁成 60° 角的三角形范围内。

（4）宽度小于 1 m 的窗间墙。

（5）墙体转角处每边各 450 mm 范围内。

（6）砖砌体门窗洞口两侧 240 mm 范围内。

（7）施工图上规定不允许留洞眼的部位。

7. 扣件式钢管双排外脚手架的立杆有哪些主要构造要求?

横距 l_b 为 0.9 ~ 1.5 m（高层架子不大于 1.2 m）；纵距 l_a 为 1.4 ~ 2.0 m（当用单立杆时，35 m 以下的架子用 1.4 ~ 2.0 m；35 m 以上架用 1.4 ~ 1.6 m。当用双立杆时为 1.5 ~ 2.0 m）。

单立杆双排脚手架的搭设限高为 50 m。当需要搭设 50 m 以上的脚手架时，35 m 以下应采用双立杆，或自 35 m 起采用分段卸载措施，且上部单立杆的高度应小于 30 m。

相邻立杆的接头位置应错开布置在不同的步距内，与相邻大横杆的距离不宜大于步距的 1/3。

立杆的垂直偏差应不大于架高的 1/300，并同时控制其绝对偏差值：当架高≤20 m 时，为不大于 50 mm；>20 m 而≤50 m 时，为不大于 75 mm；>50 m 时应不大于 100 mm。

8. 扣件式钢管双排外脚手架的大小横杆、剪刀撑和连墙件有哪些主要构造要求?

（1）大横杆步距为 1.5 ~ 1.8 m，其长度不应小于 2 跨；上下横杆的接长位置应错开布置在不同的立杆纵距中，与相近立杆的距离不大于纵距的 1/3。

同一排大横杆的水平偏差不大于该片脚手架总长度的 1/250，且不大于 50 mm。

相邻步架的大横杆应错开布置在立杆的里侧和外侧，以减少立杆偏心受载情况。

（2）小横杆贴近立杆布置（对于双立杆，则设于双立杆之间），搭于大横杆之上并用直角扣件扣紧。在相邻立杆之间根据需要加设 1 或 2 根。在任何情况下，均不得拆除作为基本构架结构杆件的小横杆。

（3）35 m 以下脚手架除在两端设置剪刀撑外，中间每隔 12 ~ 15 m 设一道。剪刀撑应联系 3 ~ 4 根立杆，斜杆与地面夹角为 45° ~ 60°；35 m 以上脚手架，沿脚手架两端和转角处起，每 7 ~ 9 根立杆设一道，且每片架子不少于 3 道。

剪刀撑应沿架高连续布置，在相邻两排剪刀撑之间，每隔 10 ~ 15 m 高加设一组长剪刀撑。剪刀撑的斜杆除两端用旋转扣件与脚手架的立杆或大横杆扣紧外，在其中间应增加 2 ~ 4 个扣结点。

（4）连墙件可按二步三跨或三步三跨设置，其间距不超过有关规定，且连墙件一般应设置在框架梁或楼板附近等具有较好抗水平力作用的结构部位。

9. 扣件式钢管单排外脚手架有哪些主要构造要求?

单排脚手架只有一排立杆，小横杆的另一端搁置在墙体上，构架形式与双排架基本相同，但使用上有较多限制。

构造要求：

（1）连接点的设置数量不得少于三步三跨一点，且连接点宜采用具有抗拉压作用的刚性构造。

（2）杆件的对接接头应尽量靠近杆件的接点。

（3）立杆的底部支垫可靠，不得悬空。

使用限制：

（1）搭设高度≤20 m，即一般只用于 6 层以下的建筑。

（2）不准用于一些不适于承载和固定的砌体工程，脚手眼的设置部位和孔眼尺寸均有较为严格的限制。一些对外墙面的清水或饰面要求较高的建筑，考虑到墙脚手眼可能造成的质量影响和施工麻烦时，也不宜使用。

另外，墙厚小于 180 mm 的砌体，土坯墙、空斗砖墙，轻质墙体，有轻质保温层的复合墙和靠脚手架一侧的实体厚度小于 180 mm 的空心墙和砌筑砂浆等级小于 M1.0 的墙体都不宜使用。

10. 说明多立杆式脚手架的施工工艺。

钢管脚手架搭设程序：摆放扫地纵向水平杆→逐根树立立杆，随即与扫地杆扣紧→搭设扫地横向水平杆，并与立杆或纵向水平杆扣紧→搭设第 1 步纵向水平杆，并与立杆扣紧→搭设第 1 步横向水平杆→第 2 步纵向水平杆→第 2 步横向水平杆→搭设临时抛撑→搭第 3 步、第 4 步的纵向水平杆和横向水平杆→固定连墙件→接长立杆→搭设剪刀撑→铺脚手板→搭设防护栏杆。

11. 多立杆式脚手架的搭设要点有哪些?

搭设脚手架的地基须平整坚实，并有可靠的排水措施，防止积水浸泡地基引起不均匀沉陷，对高层建筑应进行基础强度验算。脚手架应按其施工组织设计进行搭设，并注意搭设顺序。脚手架立杆下端应设底座或垫板（垫木），并应准确地放在定位线。在搭设第 1 节立杆时，为保持其稳定性，应按构造要求每 6 跨设一根抛撑。脚手架搭设至连墙件构造层时，应马上装设连墙件，以保证所搭脚手架的安全。

12. 多立杆式脚手架的拆除要点有哪些?

在拆除扣件式钢管脚手架时，应掌握以下要点：脚手架的拆除顺序是自上而下，后搭设者先拆，先搭设者后拆。拆除作业必须由上而下逐层进行，严禁上下同时作业。连墙件必须随脚手架逐层拆除，严禁先将连墙件整层或数层拆除后再拆脚手架。分段拆除高差不应大于两步，若高差大于两步，应增设连墙件加固。当脚手架拆至下部最后一根长立杆的高度（约 6.5 m）时，应先在适当位置搭设临时抛撑加固后，再拆除连墙件。高空拆卸脚手架时，各构件应用绳系下放，严禁高空抛扔。拆除的脚手架部件应分类分规格进行堆码，严禁乱堆乱放。

13. 扣件式钢管脚手架的检查与验收有哪些规定?

脚手架及其地基基础应在下列阶段进行检查验收：基础完工后及脚手架搭设前；在作业层上施加荷载前；每搭设完 10 ~ 13 m 高度后；达到设计高度后；遇有 6 级以上大风与大雨后；寒冷地区开冻后；停用超过 1 个月。

进行脚手架检查，验收时应以下列技术文件为依据：施工组织设计及变更文件；技术交底文件。

在脚手架使用中，应定期检查下列项目：杆件的设置和连接，连墙件支撑、门洞桁架等的构造是否符合要求；地基是否积水，底座是否松动，立杆是否悬空；扣件螺栓是否松动；

高度在 24 m 以上的脚手架，其立杆的沉降与垂直度的偏差是否超过规范规定；安全防护措施是否符合要求；是否超载；安装后的扣件螺栓是否应采用扭力扳手检查，抽样方法应按随机分布原则进行；抽样检查数目与质量判定标准应按规范的规定确定；不合格的必须重新拧紧，直至合格为止。

14. 扣件式钢管脚手架的安全管理要点有哪些?

在使用扣件式钢管脚手架时，为保证使用安全必须注意以下要点：在脚手架使用期间，严禁拆除主节点处的纵、横水平杆，纵、横向扫地杆；不得在脚手架基础及其邻近处进行挖掘作业，否则应采取安全措施，并报主管部门批准；临街搭设脚手架时，外侧应有防坠物伤人的防护措施；在脚手架上进行电、气焊作业时，必须有防火措施和专人看守；工地临时用电线路的架设及脚手架接地、避雷措施等，应按现行行业标准《施工现场临时用电安全技术规范》的有关规定执行；搭拆脚手架时，地面应设围栏和警戒标志，并派专人看守，严禁非操作人员入内；扣件式钢管脚手架上的荷载不应超过 2.7 kN/m^2（堆砖时，只允许单行侧摆 3 层）；脚手架搭设人员必须是按国家标准《特种作业人员安全技术考核管理规则》考核合格的专业架子工；搭设脚手架人员必须戴安全帽、系安全带、穿防滑鞋；作业层上的施工荷载应符合设计要求，不得超载；不得将模板支架、缆风绳、泵管和砂浆输送管等固定在脚手架上；严禁悬挂起重设备；当有 6 级及 6 级以上大风和雾、雨、雪天气时应停止脚手架的搭设与拆除；雨、雪后上架作业应有防滑措施，并应扫除积雪；应经常检查钢管脚手架的使用情况，发现问题应及时处理。

15. 钢脚手架应采取哪些防电措施?

（1）钢脚手架（包括钢井架、钢龙门架、钢独杆提升架等）不得搭设在 距离 35 kV 以上的高压线路 4.5 m 以内的地区和距离 1 ~ 10 kV 高压线路 3 m 以内的地区。钢脚手架在架设和使用期间，要严防与带电体接触。钢脚手架需要穿过或靠近 380 V 以内的电力线路，距离在 2 m 以内时，在架设和使用期间应断电或拆除电源，否则应采取可靠的绝缘措施：对电线和钢脚手架等进行包扎隔绝；对钢脚手架采取接地处理。

（2）在钢脚手架上施工的电焊机、混凝土振动器等，要放在干燥木板上。操作员要戴绝缘手套，穿绝缘鞋，经过钢脚手架的电线要严格检查并采取安全措施。电焊机、混凝土振动器外壳要采取保护性接地或接零措施。

（3）夜间施工和深基操作的照明线通过钢脚手架时，应使用电压不超过 12 V 的低压电源。

（4）木、竹脚手架的搭设和使用也必须符合电力安全要求。

16. 钢脚手架应采取哪些避雷措施?

（1）搭设在旷野、山坡上、雷击区的钢脚手架〈包括钢井架、钢龙门架等）应设避雷装置。避雷装置包括接闪器、接地极和接地线。

（2）接闪器即避雷针，可用直径 25 ~ 32 mm、壁厚不小于 3 mm 的镀锌管或直径不小于

12 mm 的镀锌钢筋制作，设在房屋的四角的脚手架立杆上，高度不小于 1 m，并应将最上层所有的横杆连通，形成避雷网路。在垂直运输架上安装接闪器时，应将一侧的中间立杆高出顶端不小于 2 m，在该立杆下端设置接地线，并将卷扬机外壳接地。

（3）接地极应尽可能采用钢材。垂直接地极可用长 1.5 ~ 2.5 m、直径 25 ~ 30 mm、壁厚不小于 2.5 mm 的钢管，直径不小于 20 mm 的圆钢或 150 × 5 角钢。水平接地极可选用长度不小于 3 m、直径 8 ~ 14 mm 圆钢或厚度不小于 4 mm、宽 25 ~ 40 mm 的扁钢。接地极按脚手架上的连续长度在 50 m 内设置一个，并应满足离接地极最远点内脚手架上的过渡电阻不超过 10 Ω的要求。接地电阻不得超过 20 Ω。接地极埋入地下的最高点，应在地面下并不浅于 50 cm，埋设时应将新填土夯实。

（4）接地线即引下线，可采用截面不小于 16 mm^2 的铝导线或截面不小于 12 mm^2 的铜导线。为了节约有色金属，可在连接可靠的前提下，采用直径不小于 8 mm 的圆钢或厚度不小于 4 mm 的扁钢。

17. 脚手架安全防（围）护有哪些规定?

脚手架必须按以下规定设置安全防护措施，以确保架上作业和作业影响区域内的安全：

（1）作业层距地（楼）面高度≥2.5 m 时，在其外侧边缘必须设置挡护高度≥1.1 m 的栏杆和挡脚板，且栏杆间的净空高度应≤0.5 m。

图 4.12　脚手架安全防护

（2）临街脚手架，架高≥2.5 m 的外脚手架以及在脚手架高空落物影响范围内同时进行其他施工作业或有行人通过的脚手架，应视需要采用外立面全封闭、半封闭以及搭设通道防护棚等适合的防护措施。

（3）架高 9 ~ 25 m 的外脚手架，除执行（1）规定外，可视需要加设安全立网维护。

（4）挑脚手架、吊篮和悬挂脚手架的外侧面应按防护需要采用立网围护或执行（2）的规定。

（5）遇有下列情况时，应按以下要求加设安全网：

① 架高≥9 m，未作外侧面封闭、半封闭或立网封护的脚手架，应按以下规定设置首层安全（平）网和层间（平）网：

a. 网应距地面 4 m 设置，悬出宽度应≥3.0 m。

b. 层间网自首层每隔 3 层设一道，悬出高度应≥3.0 m。

② 外墙施工作业采用栏杆或立网围护的吊篮、架设高度≤6 m 的挑脚手架、挂脚手架和附墙升降脚手架时，应于其下 4～6 m 起设置两道相隔 3 m 的随层安全网，其距外墙面的支架宽度应≥3 m。

（6）上下脚手架的梯道、坡道、栈桥、斜梯、爬梯等均应设置扶手、栏杆或其他安全防（围）护措施并清除通道中的障碍，确保人员上下的安全。

18. 常用的垂直运输设施有哪些？

垂直运输设施，是担负垂直输送材料和施工人员上下的机械设备和设施。

常用的垂直运输设施有：塔式起重机、井字架、龙门架、施工电梯等。

图 4.13　塔式起重机

图 4.14　井字架

图 4.15　龙门架

图 4.16　施工电梯

任务训练

1. 教师组织学生参与施工现场脚手架的检查工作。

2. 学生分组工作，根据施工图纸和施工现场实际条件，通过查规范、资料、教材等学习手段，讨论分析现场脚手架搭设工作中的要点与不足，写出分析报告。

学习方法建议

➢ 自主学习

学生在教师的引导下，以小组讨论、自主学习的形式工作。通过查资料、规范、网上资源以及教材、学材的学习等多种方式完成训练任务。

➢ 小组发言

各小组选派一名代表讲解本小组完成训练任务的过程及结果，小组其他成员予以补充。

➢ 评　价

小组之间按照统一标准，对各小组回答问题、完成任务的过程及结果进行互评（可参考附录评价表格式进行）。

项目五　砌筑工程施工

学习导航

序号	学习目标	知识要点	权重
1	能明确说出砂浆的种类	砂浆的组成种类	15%
2	知道砂浆配合比的计算方法	砂浆配合比的计算	10%
3	知道砂浆搅拌与制备的注意事项	砂浆搅拌与制备	15%
4	能认识常用砖材	砖及砌块	15%
5	能说出砖砌体施工工艺流程	砌体施工	25%
6	能依据图纸及施工规范进行砌筑工程施工的质量验收	砌筑工程施工的质量验收标准	20%

5.1　砌筑材料准备

学习重点： 1. 认识砂浆的种类与作用
2. 认识常用的砖、砌块
3. 砌筑砂浆试块的留置

学习难点： 砌筑砂浆的搅拌与制备

导学

1. 砌筑砂浆有哪些种类？各起什么作用？

砂浆根据不同用途分为普通砂浆和特种砂浆，或者分为砌筑砂浆和抹灰砂浆。砌筑砂浆属于普通砂浆，一般用强度代号 M 来表示；砌筑砂浆的强度等级有 M20、M15、M10、M7.5、M5、M2.5、M1.0 和 M0.4 八个等级，其中：M0.4 为黄泥砂浆，一般用于临时围墙或临时材料库的砌筑；M1.0 为黄泥白灰砂浆，用于临时建筑的砌筑；M7.5、M5、M2.5 为混合砂浆；M20、M15、M10、M7.5、M5 为水泥砂浆。

抹灰砂浆一般用配合比的数字来表示，耐酸砂浆、防水砂浆等属于特种砂浆。

砂浆按组成部分材料不同分为水泥砂浆、石灰砂浆及混合砂浆等。混合砂浆又分水泥石灰砂浆、水泥黏土砂浆及石灰黏土砂浆等。

砂浆按密度可分为：重质砂浆，其密度大于 1.5 t/m^3；轻质砂浆，其密度小于 1.5 t/m^3。

砂浆在砌体中的作用：

（1）将砖石按一定的砌筑方法黏结成整体。

（2）砂浆硬固后，各层砖可以通过砂浆均匀地传布压力，使砌体受力均匀。

（3）砂浆填满砌体的间隙，可防止透风，对房屋起保暖、隔热的作用。

2. 什么是砂浆的和易性?

砂浆由组成材料经充分混合搅拌而成，在凝固前砂浆拌和物，它具有适宜于施工的工艺性质，称为和易性（或工作性）。和易性良好的砂浆，不仅在运输和施工过程中不易产生分层、析水现象，而且容易在砖石面上铺成均匀的薄层，与底面良好黏结，既能保证砌筑质量，又可提高劳动生产率。和易性不好的砂浆，施工困难，砌体的强度、密实度和耐久性都较差。砂浆的和易性决定于砂浆的稠度和保水性。

砂浆的稠度，也称流动性。它用标准圆锥体在砂浆内的沉入深度（cm）表示，可用砂浆稠度测定仪测定。

砂浆的稠度与加水量，胶合材料的用量，砂子颗粒的大小、形状，空隙率及砂浆的搅拌时间等因素有关。各种砌体的砂浆稠度应根据砌体种类、施工条件、气候条件选择。一般砖砌体所用砌筑砂浆的稠度为 6 ~ 10 cm。

砂浆的保水性是指砂浆在搅拌后，运输到使用地点时，砂浆中各种材料分离快慢的性质。如果水与水泥、石灰膏、砂子分离很快，这种砂浆砌筑时，水分容易被砖吸收，使砂浆变硬失去流动性，造成施工困难，降低砌体质量。砂浆的保水性用分层度来表示。保水性好的砂浆，分层度（cm）小，反之就大。一般要求分层度不大于 2 cm。

3. 什么是砂浆的配合比?

不同等级的砂浆用不同数量的原材料拌制而成，各种原材料的比例称为配合比。砂浆的配合比应采用重量比。

水泥砂浆、水泥混合砂浆的配合比设计按下列顺序进行：

（1）按砂浆设计强度等级及水泥强度等级计算每立方米砂浆的水泥用量：

$$m_{co} = \frac{1.5 f_{m}}{\alpha f_{ck}} \times 1\,000 \qquad (5\text{-}1)$$

式中 m_{co}——每立方米砂浆中的水泥用量（kg）；

f_{m}——砂浆强度等级（MPa）；

f_{ck}——水泥强度等级（MPa）；

α——调整系数，见表 5.1。

表 5.1 调整系数 α 值

<table>
<tr><td rowspan="3">水泥标号</td><td colspan="5">砂浆强度等级</td></tr>
<tr><td>M10</td><td>M7.5</td><td>M5</td><td>M2.5</td><td>M1.0</td></tr>
<tr><td colspan="5">α 值</td></tr>
<tr><td>525</td><td>0.885</td><td>0.815</td><td>0.725</td><td>0.584</td><td>0.412</td></tr>
<tr><td>425</td><td>0.931</td><td>0.855</td><td>0.758</td><td>0.608</td><td>0.427</td></tr>
<tr><td>235</td><td>0.999</td><td>0.915</td><td>0.806</td><td>0.643</td><td>0.450</td></tr>
<tr><td>275</td><td>1.048</td><td>0.957</td><td>0.839</td><td>0.667</td><td>0.466</td></tr>
<tr><td>225</td><td>1.113</td><td>1.012</td><td>0.884</td><td>0.698</td><td>0.488</td></tr>
</table>

（2）按求出的水泥用量计算每立方米砂浆的石灰膏用量。

$$m_{po} = 350 - m_{co}$$

式中 m_{po}——每立方米砂浆中的石灰膏用量（kg）。

（3）确定每立方米砂浆中砂的用量：含水率为 2% 的中砂和粗砂每立方米砂浆中砂的用量为 1 m^3。

（4）通过试拌，按稠度要求确定用水量。

（5）通过试验调整配合比。

4. 怎样留置砌筑砂浆试块?

在每一楼层或 250 m^3 砌体中，各种强度等级的砂浆，每台搅拌机至少应检查一次，每次应制作一组试块（6 块）。如砂浆强度等级或配合比变更时，还应制作试块，以便检验。试块制作如下：

（1）在 7.07 cm × 7.07 cm × 7.07 cm 的无底金属或塑料试模内壁涂一薄层机油，放在预先铺有吸水性较好的湿纸的普通砖上。砖的含水量不大于 2%。

（2）砂浆拌和后，一次注满试模，用直径 10 mm、长 350 mm 的钢筋捣棒均匀插捣 25 次，在四侧用油漆刮刀沿试模壁插捣数下，砂浆应高出试模顶面 6 ~ 8 mm。

（3）15 ~ 30 min 后，当砂浆表面开始出现麻斑状态时，将高出的砂浆沿试模顶面削平。

5. 砂浆搅拌和制备时应注意些什么?

（1）砂浆应采用砂浆搅拌机拌和，应注意以下几点：

① 搅拌水泥砂浆时，先将砂及水泥投入，干拌均匀后，再加入水搅拌均匀。搅拌时间不少于 2 min。

② 搅拌水泥混合砂浆时，先将砂及水泥投入，干拌均匀后，再投入石灰膏（或黏土膏），加入水搅拌均匀。搅拌时间不少于 2 min。

③ 搅拌粉煤灰砂浆时，先将粉煤灰、砂与水泥及部分水投入，待基本拌匀后，再投入石

灰膏，加入水搅拌均匀。搅拌时间不少于 3 min。

④ 在水泥砂浆和水泥混合砂浆中掺入微末剂时，微末剂掺量应事先通过试验确定，一般为水泥用量的 0.5/10 000 ~ 1/10 000（微末剂按 100% 纯度计）。微末剂宜用不低于 70 °C 的水稀释至 5% ~ 10% 的浓度，随拌和水投入搅拌机内。搅拌时间不少于 3 ~ 5 min。

图 5.1　砂浆准备

（2）砂浆的制备：

一般用砂浆搅拌机拌和，要求拌和均匀，拌和时间为 1.5 min。砂浆应随拌随用。常温下，水泥砂浆应在拌后 3 h 内用完；混合砂浆应在拌后 4 h 内用完。气温高于 30 °C 时，应分别在拌后 2 h 和 3 h 内用完。运送过程中的砂浆，若有泌水现象，应在砌筑前再进行拌和。

6. 砌砖前材料准备应注意些什么?

（1）砖的品种、强度等级必须符合设计要求，用于清水墙、柱表面的砖，应边角整齐、色泽均匀。

（2）砖应提前 1 ~ 2 d 浇水湿润。普通砖、多孔砖含水率为 10% ~ 15%；灰砂砖、粉煤灰砖含水率为 5% ~ 8%。含水率以水重占砖重的百分数计。

图 5.2　砖的准备

（3）施工中如用水泥砂浆代替水泥混合砂浆，要考虑砌体强度的降低，重新确定砂浆强度等级并按此设计配合比。实际施工中，所采用的水泥砂浆强度等级比原设计的水泥混合砂浆强度等级提高一个等级，并按此强度等级重新设计配合比。

图 5.3　灰砂砖

图 5.4　粉煤灰砖

图 5.5　多孔黏土砖

图 5.6　混凝土空心砌块

7. 施工机具的准备。

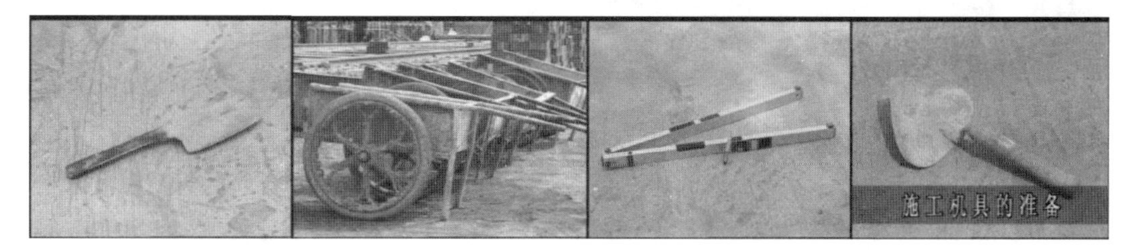

图 5.7　施工机具

任务训练

学生以小组为单位工作，讨论砖砌体及砂浆的种类与特性，完成以下任务：
某砌体为烧结普通砖砌体，M10 水泥砂浆砌筑，砂为中砂，水泥强度等级为 32.5 级。

1. 试确定水泥砂浆的稠度。
2. 试确定 1 m^3 水泥砂浆的各材料用量。

5.2 砌体施工

学习重点：1. 认识砌体施工工艺
2. 学会砖砌体的摆样砌筑
3. 知道砖砌体施工的技术要求

学习难点：特殊部位砌体施工的工艺要求

导学

1. 说明砌体施工工艺。

抄平弹线→摆砖→立皮数杆→盘角挂线→铺灰砌砖→勾缝清理。

2. 什么是皮数杆？如何设置？

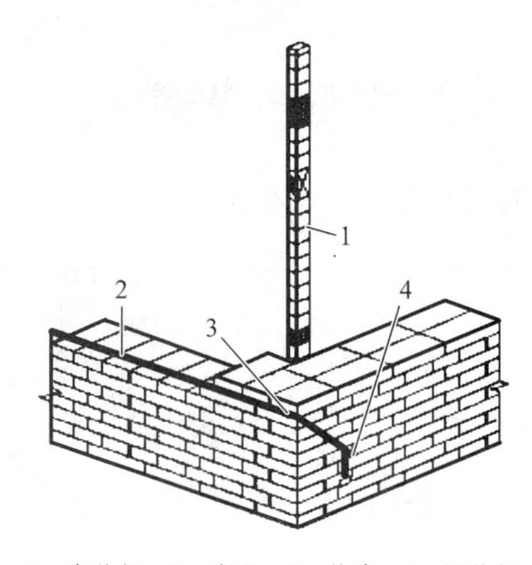

1—皮数杆；2—准线；3—竹片；4—圆铁钉

图 5.8 皮数杆

用方木、铝合金杆或角钢制作的皮数杆，长度一般为一个层楼高，并根据设计要求，将砖规格和灰缝厚度（皮数）及竖向结构的变化部位在皮数杆上标明。在基础皮数杆上，竖向构造包括：底层室内地面、防潮层、大放脚、洞口、管道、沟槽和预埋件等。墙身皮数杆上，竖向构造包括：楼面、门窗洞口、过梁、圈梁、楼板、梁及梁垫等。

立皮数杆时，先在立杆处打一木桩，用水准仪在木桩上测出 ± 0.000 标高位置，然后把皮数杆的 ± 0.000 线与木桩上 ± 0.000 线对齐，并用钉钉牢。

3. 普通砖墙砌筑形式有哪几种?

普通砖墙立面的砌筑形式有以下几种：

（1）一顺一丁　一顺一丁是一皮中全部顺砖与全部丁砖间隔砌成。适合于砌一砖、一砖半及二砖墙。

（2）梅花丁　梅花丁是每皮中丁砖与顺砖相隔，上皮丁砖坐中于下皮顺砖，上下皮竖缝相互错开 1/4 砖长。适合于砌一砖、一砖半墙。

（3）三顺一丁　三顺一丁是三皮中全部顺砖与一皮中全部丁砖相隔砌成。上下皮顺砖间竖缝相互错开 1/2 砖长；上下皮顺砖与丁砖间竖缝相互错开 1/4 砖长。适合于砌一砖、一砖半墙。

（4）两平一侧　两平一侧是两皮平砌砖与一皮侧砌的顺砖相隔砌成。这种砌筑形式适合于砌 3/4 砖及 30 墙。

（5）全顺和全丁　前者适合于砌半砖墙；后者适合于砌圆弧形的烟囱、筒身等。

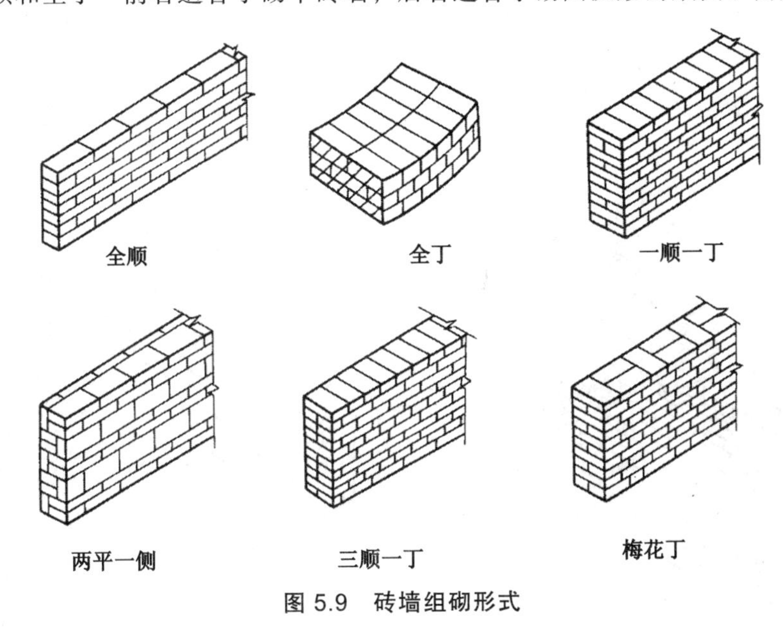

图 5.9　砖墙组砌形式

4. 砖砌体的哪些部位应用丁砌层砌筑?

（1）每层承重墙的最上一皮砖。

（2）楼板、梁、梁垫及屋架的支承处（包括墙柱上）。

（3）砖砌体的台阶水平面上。

（4）挑出层（挑檐、腰线等）中。

图 5.10　梁下衔接处砌体

5. 砖砌体的哪些部位不允许留槎？砖砌体留槎有什么规定？

砖砌体转角和交接处应同时砌筑，不得留槎。如不能同时砌筑，接槎应留在转角和交接点之外，并应先砌外墙，在内外墙接头处预留内墙接槎，内外墙高差不超过 1 步脚手架的高度。最好预留斜槎，因斜槎砂浆饱满，结合牢固。

实心砖砌体的斜槎长度不应小于高度 H 的 2/3。为了接槎平整、留槎位置准确，在留槎撂底时应拉通线，以免接槎出现抬头或低头的现象。

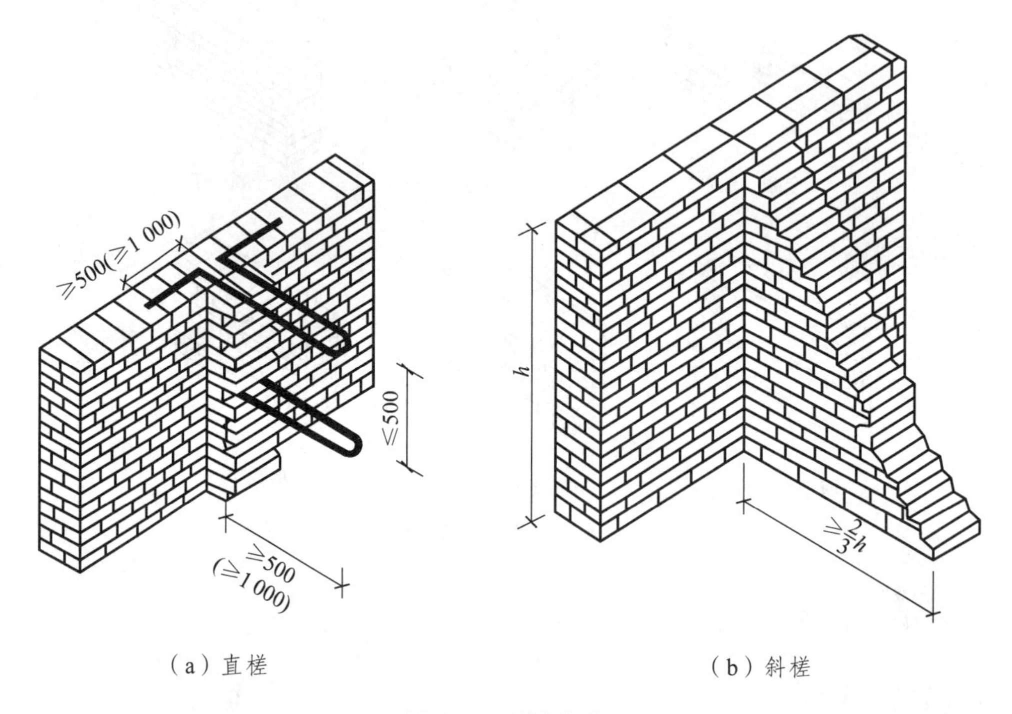

图 5.11　墙体留槎

施工中，有时条件限制，临时间断处留斜槎确有困难时，除转角处外，也可留直槎，但必须做成阳槎，并加设拉结筋。每 12 cm 墙厚放置一根直径 6 mm 的钢筋，其间距沿墙高不超过 50 cm，埋入长度从留槎处算起，每边不少于 500 mm，钢筋末端应另加 90° 弯钩。砌入砖砌体中的拉结筋，应设置正确、平直，外露部分不得任意弯折。但抗震地区建筑物的临时间断处不得留直槎。

6. 砌砖墙时，为什么要“横平竖直”？其技术措施有哪些?

砖砌体抗压性能好，而抗剪抗拉性能差。为使砌体均匀受压，不产生剪切水平推力，砌体灰缝应保证横平竖直，否则在竖向荷载作用下，沿砂浆与砖块接合面会产生剪应力。当剪应力超过抗剪强度时，灰缝受剪破坏，随之对相邻砖块形成推力或挤压作用，致使砌体结构受力情况恶化。

竖向灰缝必须垂直对齐，否则会形成“游丁走缝”。

其主要的技术措施有：

（1）正确设置皮数杆，挂线应拉紧拉平，挂线较长时应设腰线砖，并做到三皮一吊，五皮一靠。

（2）砖的规格和砂浆厚度应符合要求、均匀一致。

7. 砌砖墙时，为什么要“砂浆饱满”？其技术措施有哪些?

为了保证砖块均匀受力和使砖块紧密结合，要求水平灰缝砂浆饱满，厚薄均匀。否则会因受力不匀而产生弯曲和剪切破坏作用。

其主要的技术措施有：

（1）改善砂浆的和易性，并控制灰缝厚度在 8 ~ 12 mm 之内。

（2）控制每次的铺灰长度，一般应不超过 750 mm，气温大于 30 °C 时，应小于 500 mm。

8. 砌砖墙时，为什么要“错缝搭砌”和“接槎可靠”？其技术措施有哪些?

为了提高砌体的整体性、稳定性和承载能力，砖块排列应遵守上下错缝、内外搭砌的原则，避免出现连续的垂直通缝，并要求纵横墙尽量同时砌筑。

其主要的技术措施有：

（1）错缝或搭砌长度一般不小于 60 mm，外皮砖至少隔三皮就应有一皮丁砖拉结。

（2）在砖墙的转角和交接处应同时砌筑，对不能同时砌筑而又必须留置的临时间断处，应砌成斜槎。斜槎长度不应小于其高度的 2/3。

（3）对于留斜槎确有困难的，除转角外，也可留直槎，但必须做成阳槎，并设置拉结筋。拉结筋的数量为每 12 cm 墙厚设置一根直径为 6 mm 的钢筋，120 墙也应设置 2 根。其沿墙高的间距不得超过 50 cm，埋入长度每边不小于 50 cm，且其末端应有直角弯钩。

9. 砖砌体工程的质量验收主控项目有哪些?

（1）砖和砂浆的强度等级必须符合设计要求。检验方法：观察检查并检 查砖和砂浆试块试验报告。抽检数量：砖，每一生产厂家的砖到现场后，按烧结砖 15 万块、多孔砖 5 万块、灰砂砖及粉煤灰砖 10 万块各为一验收批，抽检数量为 1 组；砂浆试块，每一验收批且不超过 250 m^3 砌体的各种类型及强度等级的砌筑砂浆，每台搅拌机应至少抽检一次。

（2）砌体水平灰缝的砂浆饱满度不得小于 80%。检验方法：用百格网检查砖底面与砂浆的粘结痕迹面积，每处检测 3 块砖取其平均值。抽检数量：每检验批抽查不应少于 5 处。

（3）砖砌体的转角处和交接处应同时砌筑，严禁无可靠措施的内外墙分砌施工。对不能同时砌筑而又必须留置的临时间断处应砌成斜槎，斜槎水平投影长度不应小于高度的 2/3。检验方法：观察检查。抽检数量：每检验批抽 20% 接槎，且不应少于 5 处。

（4）非抗震设防及抗震设防烈度为 6 度、7 度地区的临时间断处，当不能留斜槎时，除转角处外，可留直槎，但直槎必须做成凸槎。留直槎处应加设拉结钢筋，拉结钢筋的数量为每 120 mm 墙厚放置 1ϕ6 拉结钢筋（120 mm 厚墙放置 2ϕ6 拉结钢筋），间距沿墙高不应超过 500 mm；埋入长度从留槎处算起每边均不应小于 500 mm，对抗震设防烈度 6 度、7 度的地区，不应小于 1 000 mm；末端应有 90° 弯钩。检验方法：观察和尺量检查。抽检数量：每检验批抽 20% 接槎，且不应少于 5 处。

（5）砖砌体的位置及垂直度允许偏差应符合表 5-2 的规定。

抽检数量：轴线查全部承重墙柱；外墙垂直度全高查阳角，不应少于 4 处，每层每 20 m 查一处；内墙按有代表性的自然间抽 10%，但不应少于 3 间，每间不应少于 2 处，柱不少于 5 根。

表 5.2　砌块砌体的位置及垂直度允许偏差

<table>
<tr><th>项次</th><th colspan="3">项 目</th><th>允许偏差/mm</th><th>检验方法</th></tr>
<tr><td>1</td><td colspan="3">轴线位置偏移</td><td>10</td><td>用经纬仪和尺检查或用其他测量仪器检查</td></tr>
<tr><td rowspan="3">2</td><td rowspan="3">垂直度</td><td colspan="2">每层</td><td>5</td><td>用 2 m 托线板检查</td></tr>
<tr><td rowspan="2">全高</td><td>≤10 m</td><td>10</td><td rowspan="2">用经纬仪、吊线和尺检查，或用其他测量仪器检查</td></tr>
<tr><td>> 10 m</td><td>20</td></tr>
</table>

10. 砖砌体工程的质量验收一般项目有哪些?

（1）砖砌体组砌方法应正确，上、下错缝，内外搭砌，砖柱不得采用包心砌法。

抽检数量：外墙每 20 m 抽查一处，每处 3 ~ 5 m，且不应少于 3 处；内墙按有代表性的自然间抽查 10%，且不应少于 3 间。

检验方法：观察检查。

合格标准：除符合本条要求外，清水墙、窗间墙无通缝，混水墙中长度大于或等于 300 mm 的通缝每间不超过 3 处，且不得位于同一面墙体上。

（2）砖砌体的灰缝应横平竖直，厚薄均匀。水平灰缝厚度宜为 10 mm，但不应小于 8 mm，也不应大于 12 mm。

抽检数量：每步脚手架施工的砌体。每 20 m 抽查 1 处。检验方法：用尺量 10 皮砖砌体高度折算。

（3）砖砌体的一般尺寸允许偏差应符合规定。

砖砌体一般尺寸允许偏差见表 5.3。

表 5.3　砖砌体一般尺寸允许偏差

项次	项目		允许偏差/mm	检验方法	抽检数量
1	基础顶面和楼面标高		±15	用水平仪检查	不应少于 5 处
2	表面平整数	清水墙、柱	5	用 2 m 靠尺和楔形塞尺检查	有代表性自然间的 10%，但不应少于 3 间，每间不应少于 2 处
		混水墙、柱	8		
3	门窗洞口高、宽		±5	用尺检查	检验批洞口的 10%，且不应少于 5 处
4	外墙上下窗口偏移		20	以底层窗为准，用经纬仪或吊线检查	检验批的 10%，但不应于 3 间，每间不应少于 2 处
5	水平灰缝平直度	清水墙	7	拉 10 m 线和尺检查	有代表性自然间的 10%，但不应少于 3 间，每间不应少于 2 处
		混水墙	10		
6	清水墙游丁走缝		20	吊线和尺检查，以每层第一皮砖为准	有代表性自然间的 10%，但不应少于 3 间，每间不应少于 2 处

11. 什么是砌体工程的冬期施工?

当室外日平均气温连续 5 d 稳定低于 5 °C 时，或当日气温低于 0 °C 时，砌体工程应采取冬期施工措施。其措施主要有以下几点：

（1）所用材料应符合下列规定：

① 石灰膏、电石膏等应防止受冻，如遭冻结，应经融化后使用。

② 砂浆用砂不得含有冰块和大于 10 mm 的冻结块。

③ 砌体用砖和其他块材不得遭水浸冻。

（2）冬期施工砂浆试块的留置，除应按常温规定要求外，尚应增留不少于 1 组与砌体同条件养护的试块，测试检验 28 d 强度。

（3）基土无冻胀性时，基础可在冻结的地基上砌筑；基土有冻胀性时，基础应在未冻结的地基上砌筑。在施工期间和回填土前，均应防止地基遭受冻结。

（4）普通砖、多孔砖和空心砖在气温高于 0 °C 条件下砌筑时，应浇水湿润。在气温低于、等于 0 °C 条件下砌筑时，可不浇水，但必须增大砂浆稠度。抗震设防烈度为 9 度的建筑物，普通砖、多孔砖和空心砖无法浇水湿润时，如无特殊措施，不得砌筑。

（5）拌和砂浆宜采用两步投料法。水的温度不得超过 80 °C；砂的温度不得超过 40 °C。

（6）砂浆使用温度应符合下列规定：

① 采用掺外加剂法、氯盐砂浆法或暖棚法时，不应低于 + 5 °C。

② 采用冻结法当室外气温分别为 0 ~ -10 °C、-11 ~ -25 °C、-25 °C 以下时，砂浆使用最低温度分别为 10 °C、15 °C、20 °C。

任务训练

学生以小组形式工作，探讨砖砌体施工工艺，完成以下任务：

某开间墙体长 4 m，宽 3 m，高 2 m，墙厚 240 mm，转角设置构造柱并设拉结筋，砌筑砂浆强度为 M5，砌筑形式为三顺一丁。

（1）编写专项施工方案。

（2）试先进行摆砖。

（3）按相关规定和要求进行砌筑。

学习方法建议

➢ 自主学习

学生在教师的引导下，以小组讨论、自主学习的形式工作。通过查资料、规范、网上资源以及教材、学材的学习等多种方式完成训练任务。

➢ 小组发言

各小组选派一名代表讲解本小组完成训练任务的过程及结果，小组其他成员予以补充。

➢ 评　　价

小组之间按照统一标准，对各小组回答问题、完成任务的过程及结果进行互评（可参考附录评价表格式进行）。

项目六　钢筋混凝土工程施工

学习导航

序号	学习目标	知识要点	权重
1	能说出模板工程的基本要求	模板工程的基本要求	5%
2	能说出模板工程的施工流程	模板工程的施工流程	5%
3	能说出主要构件定型钢模板的安装与拆除的要求	基础、柱、梁、墙模板工程施工应注意的问题	10%
4	能说出现浇结构模板工程质量验收的要点	模板分项工程验收的一般规定	10%
5	知道钢筋的种类，能进行钢筋的进场验收	钢筋的种类、验收和存放	5%
6	能说出钢筋的加工与连接的方式	钢筋的加工；钢筋的连接	5%
7	能参与主要构件的钢筋绑扎安装及验收工作	钢筋安装质量验收	10%
8	能识读钢筋施工图，会计算钢筋的下料长度	钢筋的配料与代换	15%
9	能说出主要构件的混凝土施工过程	混凝土施工过程及准备工作	5%
10	会计算混凝土施工配合比及做施工配料	混凝土的施工制备	10%
11	知道混凝土制备、搅拌、运输的基本要求	混凝土的搅拌、运输	5%
12	知道混凝土浇筑的方法与基本要求	混凝土的浇筑	5%
13	知道混凝土养护的方法与基本要求	混凝土的养护	5%
14	知道混凝土工程施工质量验收要点	混凝土工程施工质量验收	5%

6.1　模板工程施工

学习重点： 1. 知道模板工程的基本要求与施工流程
2. 认识模板的类型
3. 能说出基础、柱、梁等常用构件部位组合钢模板的支设与拆除的要点

学习难点： 能进行简单的配板设计

导学

1. 模板工程的基本要求是什么？

（1）安装质量：保证外形和位置，不漏浆。
（2）安全性能：承载力、刚度和稳定性。
（3）经济性：装拆方便，多次使用，便于施工。

2. 模板工程的基本流程是什么？

识读工程施工图→编制支模方案→准备模板工程材料→安装支架及模板→浇筑混凝土后拆模→清理堆放、周转使用。

3. 模板有哪些分类？

（1）按其所用的材料不同分：木模板、钢模板、钢木模板、钢竹模板、胶合板模板、塑料模板和铝合金模板等。

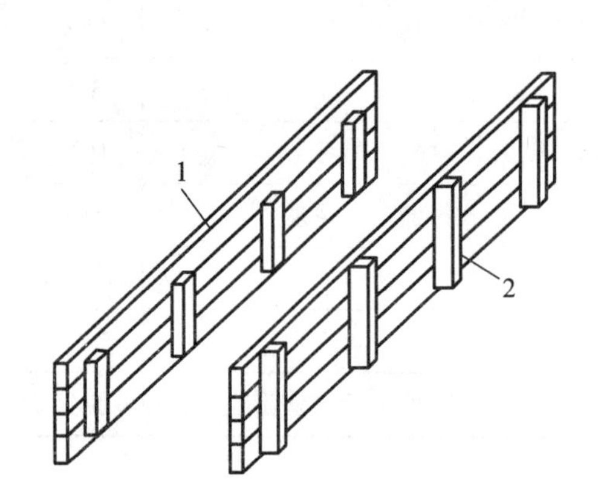

图 6.1　木模板构造

1—板条；2—拼条

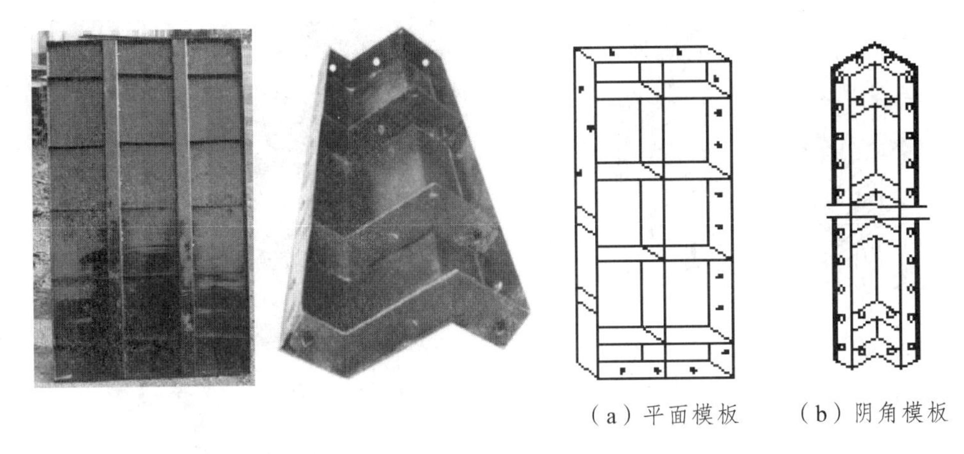

（a）平面模板　　（b）阴角模板

图 6.2　钢　模

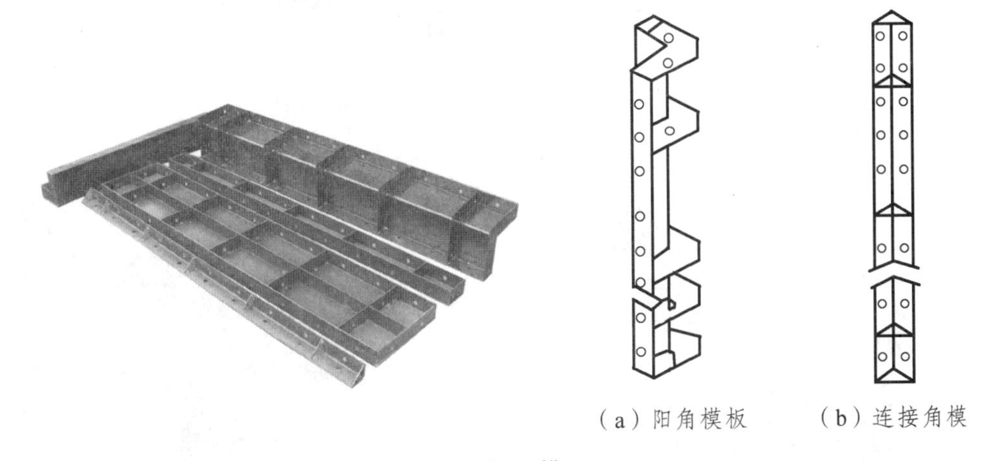

（a）阳角模板　　（b）连接角模

图 6.3　钢　模

（2）按其结构构件的类型不同分：基础模板、柱模板、楼板模板、墙模板、壳模板和烟囱模板等。

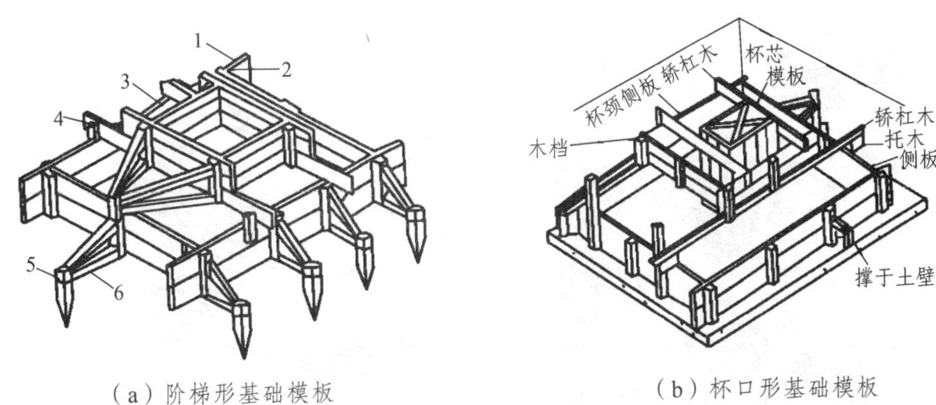

（a）阶梯形基础模板　　（b）杯口形基础模板

图 6.4　基础模板

1—第一阶侧模；2—档木；3—第二阶侧模；
4—轿杠木；5—木桩；6—斜撑

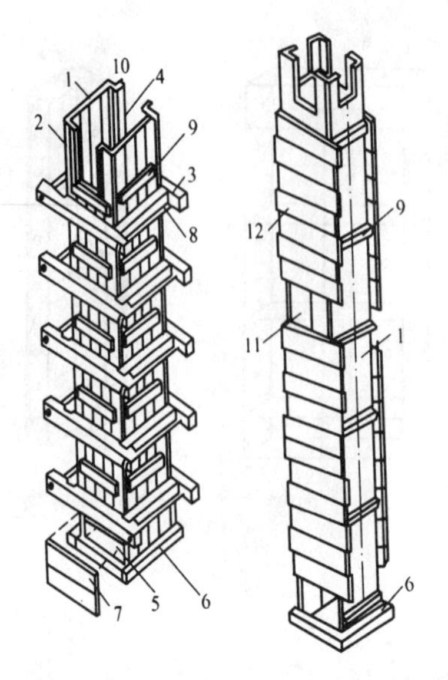

图 6.5　柱模板

1—内拼板；2—外拼板；3—柱箍；4—梁缺口；5—清扫口；6—木框；7—清扫口盖板；8—拉紧螺栓；9—拼条；10—三角木条；11—浇筑口；12—短横板

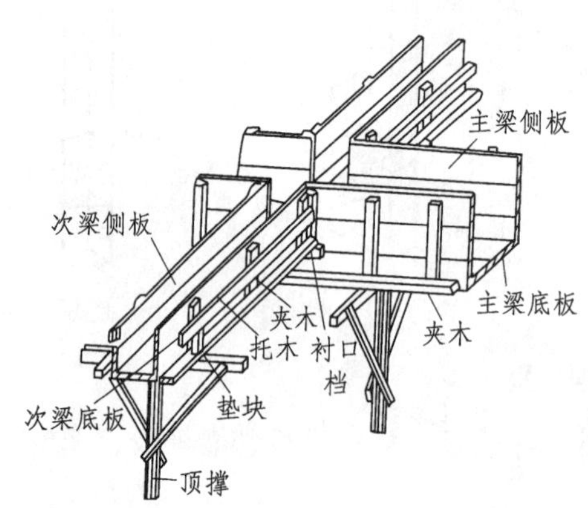

图 6.6　梁模板

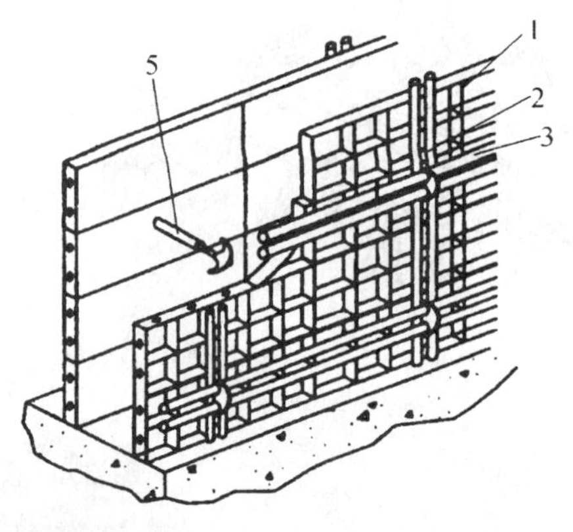

图 6.7　剪力墙钢模板

1—侧模；2—次肋；3—主肋；4—斜撑；5—对拉螺栓及撑块

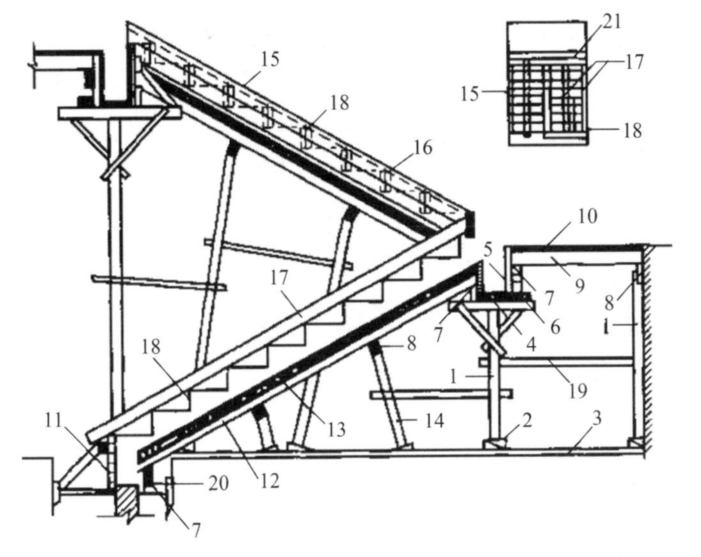

图 6.8　楼梯模板

1—支柱（顶撑）；2—木楔；3—垫板；4—平台梁底板；5—侧板；6—夹木；7—托木；8—杠木；9—楞木；10—平台底板；11—梯基侧板；12—斜楞木；13—楼梯底板；14—斜向顶撑；15—外帮板；16—横档木；17—反三角板；18—踏步侧板；19—拉杆；20—木桩

（3）按其形式不同分：整体式模板、定型模板、工具式模板、滑升模板和胎模等。

4. 木模板的配置要求有哪些?

（1）木模板及支撑系统不得选用脆性、严重扭曲和容易受潮变形的木材。

（2）木模厚度：侧模一般为 20 ~ 30 mm；底模一般为 40 ~ 50 mm。

（3）拼制模板的木板条宽度：

① 工具式模板的木板不宜大于 150 mm。

② 直接与混凝土接触的木板不宜大于 200 mm。

③ 梁和拱的底板，如采用整块木板，其宽度不加限制。

（4）木板条应将拼缝处刨平刨直，模板的木档也要刨直。

（5）钉子长度应为木板厚度的 1.5 ~ 2.5 倍，每块木板与木档相叠处至少钉两个钉子。第二块板的钉子要转向第一块模板方向斜钉，使拼缝严密。

（6）混水模板正面高低差不得超过 3 mm；清水模板安装前应将模板正 面刨平。

（7）配制好的模板应在反面编号并写明规格，分别堆放保管，以免错用。

5. 组合钢模板的主要部件有哪些?

组合钢模板的主要部件由钢模板、连接件和支承件三部分组成。其中钢模板主要包括平面模板、阴角模板、阳角模板和连接角模（后三种通称为转角模板）等，平面模板的长度有 1 500 mm、1 200 mm、900 mm、750 mm、600 mm 和 450 mm 等六种，宽度有 300 mm、250 mm、200 mm、150 mm 和 100 mm 等五种；转角模板的长度同平面模板，宽度一般有 50 mm 和

100 mm（连接角模只有 50 mm）两种。连接件有 U 形卡、L 形插销、钩头螺栓、紧固螺栓、扣件和对拉螺栓等。支承件有钢楞、柱箍、梁卡具、圈梁卡、钢支柱、斜撑、桁架和钢管脚手架等。

6. 组合钢模板的主要连接件各有哪些用途?

（1）U 形卡　主要用于钢模板纵横向的自由拼接。

（2）L 形插销　用于增强钢模板的纵向拼接刚度。

（3）钩头螺栓　用于钢模板与内、外钢楞之间的连接固定。

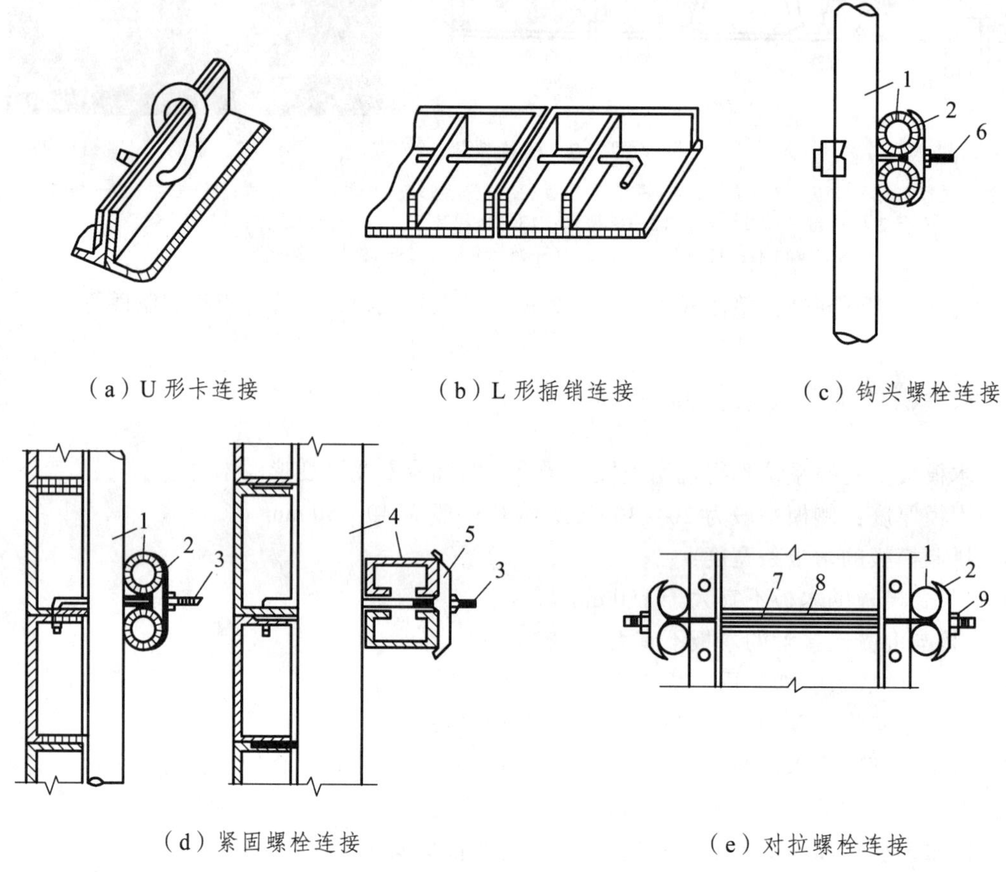

（a）U 形卡连接　（b）L 形插销连接　（c）钩头螺栓连接

（d）紧固螺栓连接　（e）对拉螺栓连接

图 6.9　钢模板连接件

1—圆钢管钢楞；2—“3”形扣件；3—钩头螺栓；4—内卷边槽钢钢楞；5—蝶形扣件；6—紧固螺栓；7—对拉螺栓；8—塑料套管；9—螺母

（4）紧固螺栓　用于紧固内外钢楞。

（5）扣件　用于钢模板与钢楞或钢楞之间的紧固。

（6）对拉螺栓　用于连接内、外模板，使模板在新浇混凝土的侧压力作用下仍保持其间距。

7. 组合钢模板配板的原则有哪些?

（1）要保证构件的形状尺寸及相互位置的正确。

（2）要使模板具有足够的强度、刚度和稳定性，能够承受新浇筑混凝土的重量和侧压力，以及各种施工荷载。

（3）力求构造简单，装拆方便，不妨碍钢筋绑扎，保证混凝土浇筑时不漏浆。

（4）配制的模板，应优先选用通用、大块模板，使其种类和块数最小，木模镶拼量最少。设置对拉螺栓的模板，为了减少钢模板的钻孔损耗，可在螺栓部位改用 55 mm × 100 mm 刨光方木代替。

（5）模板长向拼接宜采用错开布置，以增加模板的整体刚度。

（6）模板的支承系统应根据模板的荷载和部件的刚度进行布置。

（7）模板的配板设计应绘制配板图，标出钢模板的位置、规格型号和数量。预组装大模板，应标绘出其分界线。预埋件和预留孔洞的位置，在配板图上标明，并注明固定方法。

8. 基础组合钢模板的配置有哪些特点?

基础组合钢模板的配制有以下特点：

（1）一般配模为竖向，且配板高度可以高出混凝土浇筑表面，所以有较大的灵活性。

（2）模板高度方向如用两块以上模板组拼时，一般应用竖向钢楞连接固定，其接缝齐平布置时，竖楞间距最大可为 1 200 mm。

（3）基础模板由于可以在基槽设置锚固桩作支撑，所以可以不用或少用对拉螺栓。

（4）高度在 1 400 mm 以内的侧模，其竖楞的拉筋或支撑，可按最大侧拉力和竖楞间距计算竖楞上的总荷载布置，竖楞可采用和$\phi 48 \times 3.5$ 钢管。高度在 1 500 mm 以上的侧模，可按墙体模板进行设计配模。

9. 柱组合钢模板的支设方法有哪几种? 安装时应注意哪些问题?

模板的支设方法基本有两种，即单块就位组拼和预组拼，后者又可分为分片组拼和整体组拼。

（1）单块就位组拼　先将柱子第一节四面模板就位用连接角模组拼好，角模宜高出平模。校正调好对角线，并用柱箍固定。然后以第一节模板上依附高出的角模连接件为基准，用同样的方法组拼第二节模板，直到柱高。各节组拼时，要用 U 形卡正反交替连接水平接头和竖向接头，在安装到一定高度时，要进行支撑和拉结，以防倾倒。

（2）单片预组拼的方法　先将预组拼的单片模板，经检查其对角线、板边平直度和外形尺寸合格后，吊装就位并作临时支撑，随即进行第二片模板吊装就位，用 U 形卡与第一片模板组合成 L 形，同时作好支撑。如此再完成第三、第四片的模板吊装就位、组拼。模板就位组拼后，随即检查其移位、垂直度、对角线情况，经校正无误后，立即自下而上地安装柱箍。

（3）整体预组拼法　在吊装前，要先检查已经整体预组拼的模板上、下口对角线的偏差及连接件、柱箍等的牢固程度，并用铅丝将柱顶钢筋先绑扎在一起，以利柱模从顶部套入。待整体预组拼的模板吊装就位后，立即用四根支撑或有花蓝螺栓的缆风绳与柱顶四角拉结，并校正其中心线和偏斜，全面检查合格后，再群体固定。

安装时应注意：

① 保证柱模的长度符合模数，不符合部分放到节点部位处理；或以梁底标高为准，由上往下配模，不符模数部分放到柱根部位处理；高度在 4 m 和 4 m 以上时，一般应四面支撑。当柱高超过 6 m 时，不宜用单根柱支撑，应几根柱同时支撑连成构架。

② 柱模根部要用水泥砂浆堵严，防止跑浆；柱模的浇筑口和清扫口，在配模时应一并考虑留出。

③ 梁、柱模板分两次支设时，在柱子混凝土达到拆模强度时，最上一段柱模先保留不拆，以便于与梁模板连接。

④ 浇筑混凝土的自由倾落高度不应超过 2 m，当柱模超过 2 m 以上时可以采取设门子板的办法。

⑤ 柱模设置的拉杆每边两根，与地面呈 45° 夹角，并与预埋在楼板内的钢筋环拉结。钢筋环与柱距离为 3/4 柱高；柱模的清渣口应预留在柱脚一侧，如果柱子断面较大，为了便于清理，亦可两面留设。清理完毕，立即封闭。

10. 梁组合钢模板支设时应注意哪些问题？

（1）单块就位组拼　在复核梁底标高、校正轴线位置无误后，搭设和调平模板支架，固定钢楞或梁卡具，再在横楞上铺放梁底板，拉线找直，并用钩头螺栓与钢楞固定，拼接角模。在绑扎钢筋后，安装并固定两侧模板。按设计要求起拱（一般跨度大于 4 m 时，起拱 0.1%～0.2%）。

（2）单片预组拼　在检查预组拼的梁底模和两侧模板的尺寸、对角线、平整度及钢楞连接以后，先把梁底模吊装就位并与支架固定，再分别吊装两侧模板与底模拼接后设斜撑固定，然后按设计要求起拱。

（3）整体预拼　当采用支架支模时，在整体梁模板吊装就位并校正后，进行模板底部与支架的固定，侧面用斜撑固定；当采用桁架支模时，可将梁卡具、梁底桁架全部先固定在梁模上。安装就位时，梁模两端准确安放在立柱上。

安装时应注意：

① 梁口与柱头模板的连接特别重要。

② 梁模支柱的设置，应经模板设计计算确定，一般情况下采用双支柱时，间距以 60～100 cm 为宜。

③ 模板支柱纵、横方向水平拉杆、剪刀撑等，均应按设计要求布置；当设计无规定时，支柱间距一般不大于 2 m，纵横方向的水平拉杆的上下间距不大于 1.5 m，纵横方向的垂直剪刀撑间距不大于 6 m。

④ 单片预组拼和整体预拼的梁模板，在吊装就位拉结支撑稳固后，方可脱钩。五级以上大风时，停止吊装。

⑤ 采用扣件钢管脚手作支架时，扣件要拧紧，要抽查扣件的扭力矩。横杆的步距要按设计要求设置。采用桁架支模时，要按事先设计的要求设置，桁架的上下弦要设水平连接，拼接桁架的螺栓要拧紧，数量要满足要求。

⑥ 由于空调等各种设备管道安装的要求，需要在模板上预留孔洞时，应尽量使穿梁管道孔分散，穿梁管道孔的位置应设置在梁中，以防削减梁的截面，影响梁的承载能力。

11. 墙模板安装时应注意哪些问题?

（1）按位置线安装门洞口模板，放预埋件或木砖。

（2）预组拼模板安装时，应边就位边校正，并随即安装各种连接件、支承件或加设临时支撑。必须待模板支撑稳固后，才能脱钩。当墙面较大，模板分几块预拼安装时，模板之间应按设计要求增加纵横附加钢楞。当设计无规定时，连接处的钢楞数量和位置应与预组拼模板上的钢楞数量和位置等同。附加钢楞的位置在接缝处两边，与预组拼模板上的钢楞搭接长度，一般为预组拼模板全长（宽）的15%~20%。

（3）组装模板时，要使两侧穿孔的模板对称放置，以使穿墙螺栓与墙模保持垂直。

（4）相邻模板边肋用Ⅱ形卡连接的间距，不得大于300 mm，预组拼模板接缝处宜满上。

（5）预留门窗洞口的模板应有锥度，安装要牢固，既不变形，又便于拆除。

（6）墙模板上预留的小型设备孔洞，当遇到钢筋时，应设法确保钢筋位置正确，不得将钢筋移向一侧。

（7）墙模板的门子板，一般应留设在浇捣的一侧。设置方法同柱模板。门子板的水平间距一般为2.5 m。

安装时应注意：

（1）采用立柱作支架时，从边跨一侧开始逐排安装立柱，并同时安装外钢楞（大龙骨）。立柱和钢楞（龙骨）的间距，根据模板设计计算决定，一般情况下立柱与外钢楞间距为600~1 200 mm，内钢楞（小龙骨）间距为 400~600 mm。调平后即可铺设模板。在模板铺设完标高校正后，立柱之间应加设水平拉杆，其道数根据立柱高度决定。一般情况下离地面200~300 mm处设一道，往上纵横方向每隔1.6 m左右设一道。

（2）采用桁架作支承结构时，一般应预先支好梁、墙模板，然后将桁架按模板设计要求支设在梁侧模通长的型钢或方木上，调平固定后再铺设模板。

（3）楼板模板当采用单块就位组拼时，宜以每个节间从四周先用阴角模板与墙、梁模板连接，然后向中央铺设。相邻模板边肋应按设计要求用U形卡连接，也可以用钩头螺栓与钢楞连接。亦可采用U形卡预拼大块再吊装铺设。

（4）底层地面应夯实，底层和楼层立柱均应垫通长脚手板。采用多层支架时，上下层支柱应在同一竖向中心线上。

（5）采用钢管脚手架时，在支柱高度方向每隔1.2~1.3 m设一道双向水平拉杆。

12. 什么是飞模?

飞模是一种大型工具式模板，因其外形如桌，故又称台模或桌模。由于它可以借助起重机械从已浇筑完混凝土的楼板下吊运飞出转移到上层重复使用，故称飞模。

飞模主要由平台板、支撑系统（包括梁、支架、支撑、支腿等）和其他配件（如升降和行走机构等）组成。适用于大开间、大柱网、大进深的现浇钢筋混凝土楼盖施工，尤其适用于现浇板柱结构（无柱帽）楼盖的施工。

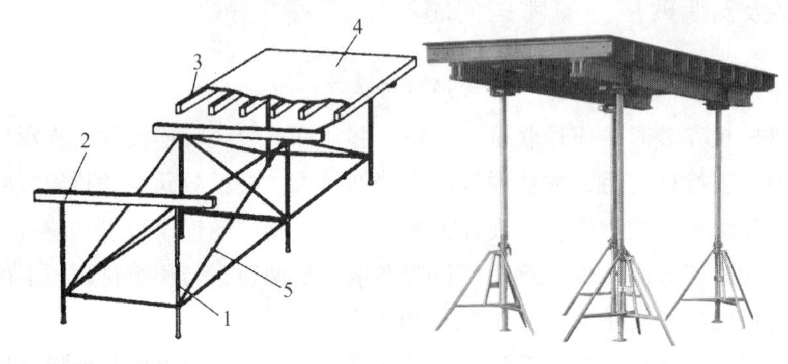

图 6.10 台模的构造

1—支腿；2—可伸缩的横梁；3—檩条；4—面板；5—斜撑

13. 什么是模壳?

模壳是用于钢筋混凝土现浇密肋楼板的一种工具式模板。由于密肋楼板是由薄板和间距较小的单向或双向密肋组成，因而，使用木模和组合式模板组拼成比较小的壳体模板难度较大，且不经济。

采用塑料或玻璃钢按密肋楼板的规格尺寸加工成需要的模壳，具有一次成型多次周转使用的特点。目前我国的模壳，主要采用玻璃纤维增强塑料和聚丙烯塑料制成，配置以钢支柱（或门架）、钢（或木）龙骨、角钢（或木支撑）等支撑系统，使模板施工的工业化程度大大提高。

图 6.11 建筑模壳

14. 什么是爬升模板?

爬升模板(即爬模),是一种适用于现浇钢筋混凝土竖直或倾斜结构施工的模板工艺,如墙体、桥梁、塔柱等。可分为“有架爬模”(即模板爬架子、架子爬模板)和“无架爬模”(即模板爬模板)两种。

爬升模板的工艺原理,是以建筑物的钢筋混凝土墙体为支承主体,通过附着于已完成的钢筋混凝土墙体的爬升支架或大模板,利用连接爬升支架与大模板的爬升设备,使一方固定,另一方作相对运动,交替向上爬升,以完成模板的爬升、下降、就位和校正等工作。

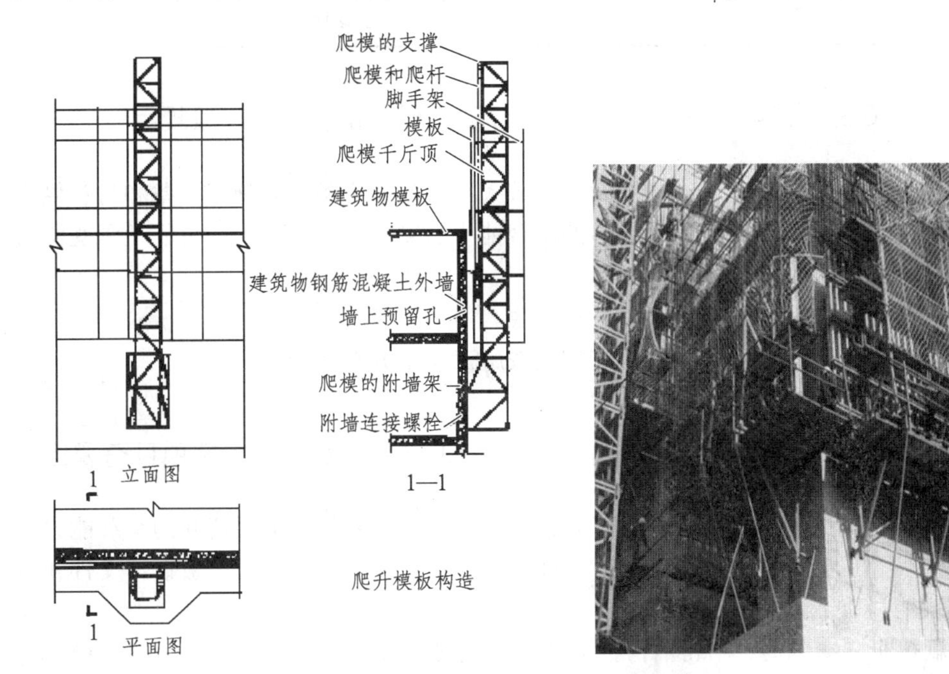

图 6.12 悬臂爬升模板

15. 侧模板和底模板的拆除应注意什么?

侧模板的拆除应在混凝土强度达到能保证其表面及棱角不因拆除模板而受损坏时进行。一般在气温达到 25 °C 以上时,C20 以上混凝土侧模拆除时间约为 1 d,否则随着气温和混凝土强度等级的下降,拆除侧模的时间应相应延长。另外,对于花篮梁的侧模,其拆除时间应比矩形梁延长 3 d 以上,因为它承受的荷载比矩形梁的侧模要大。

底模的拆除不仅与结构所受的荷载、结构的形式和跨度有关,而且与水泥的品种,养护的条件等有关。换一句话说,与混凝土强度的增长速度和其与钢筋的握裹力的提高有关。

表 6.1　现浇结构拆模时所需混凝土强度

结构类型	结构跨度/m	按设计的混凝土立方体抗压强度标准值计/%
板	≤2	≥50
	>2，≤8	≥75
	>8	≥100
梁、拱、壳	≤8	≥75
	>8	≥100
悬臂构件	—	≥100

16. 在规范（GB 50204—2002）中，模板分项工程质量验收的一般规定有哪些?

（1）模板及其支架应根据工程结构形式、荷载大小、地基土类别、施工设备和材料供应等条件进行设计。模板及其支架应具有足够的承载能力、刚度和稳定性，能可靠地承受浇筑混凝土的重量、侧压力以及施工荷载。

（2）在浇筑混凝土前，应对模板工程进行验收。

（3）模板及其支架拆除的顺序及安全措施应按施工技术方案执行。

17. 在规范（GB 50204—2002）中，模板安装工程质量验收的主控项目有哪些?

（1）安装现浇结构的上层模板及其支架时，下层楼板应具有承受上层荷载的承载能力，或加设支架；上、下层支架的立柱应对准，并铺设垫板。检验方法：对照模板设计文件和施工技术方案观察。检查数量：全数检查。

（2）在涂刷模板隔离剂时，不得沾污钢筋和混凝土接槎处。检验方法：观察。检查数量：全数检查。

18. 现浇结构模板安装的允许偏差及检验方法是什么?

表 6.2　现浇结构模板安装的偏差

项　目		允许偏差/mm	检验方法
轴线位置		5	钢尺检查
底模上表面标高		±5	水准仪或拉线、钢尺检查
截面内部尺	基　础	±10	钢尺检查
	柱、墙、梁	+4，−5	钢尺检查
层高垂直度	不大于 5 m	6	经纬仪或吊线、钢尺检查
	大于 5 m	8	经纬仪或吊线、钢尺检查
相邻两板表面高低差		2	钢尺检查
表面平整度		5	靠尺和塞尺检查

19. 在规范（GB 50204—2002）中，模板拆除工程质量验收的主控项目有哪些？

（1）底模及其支架拆除时的混凝土强度应符合设计要求；当设计无具体要求时，混凝土强度应符合表 6.1 的规定。

检验方法：检查同条件养护试件强度试验报告。检查数量：全数检查。

（2）对后张法预应力混凝土结构构件，侧模宜在预应力张拉前拆除；底模支架的拆除应按施工技术方案执行，当无具体要求时，不应在结构构件建立预应力前拆除。

检验方法：观察。检查数量：全数检查。

（3）后浇带模板的拆除和支设应按施工技术方案执行。

检验方法：观察。检查数量：全数检查。

任务训练 1

某框架结构现浇混凝土楼板，厚 100 mm，其支模尺寸为 3.3 m×4.95 m，楼层高度为 4.5 m，采用组合钢模及钢管支架支模，要求做配板设计。

任务实施

1. 配板方案

若模板以其长边沿 4.95 m 方向排列，可列出 3 种方案：

方案（1）33P3015＋11P3004，2 种规格，共 44 块。

方案（2）34P3015＋2P3009＋1P1515＋2P1509，4 种规格，共 39 块。

方案（3）35P3015＋1P3004＋2P1515，3 种规格，共 38 块。

若模板以其长边沿 3.3m 方向排列，可列出 3 种方案：

方案（4）16P3015＋32P3009＋1P1515＋2P1509，4 种规格，共 51 块。

方案（5）35P3015＋1P3009＋2P1515，3 种规格，共 38 块。

方案（6）34P3015＋1P3009＋2P1509＋3P3009，4 种规格，共 51 块。

综上，方案（3）方案（5）中模板规格种类和块数均较少，比较便于施工和具有一定的经济性。方案（1）为错缝排列刚性好宜用于预拼吊装的情况。现取方案（3）作模板结构布置及验算。

2. 模板结构布置与荷载计算（略）

任务训练 2

学生以小组形式工作，完成下列任务：

某框架结构房屋，长 60 m，宽 45 m。柱网尺寸为 6 m×6 m，柱尺寸为 350 mm×450 mm，主梁尺寸 300 mm×450 mm，次梁尺寸为 250 mm×350 mm，板厚 120 mm。

1. 试进行框架结构方案设计及实际布置。
2. 试进行模板选择及配板设计。
3. 试对该结构方案的模板工程的安装与拆除进行技术交底。

6.2 钢筋工程施工

学习重点： 1. 知道钢筋的分类
2. 能进行钢筋的进场验收
3. 能说出钢筋的加工与连接的方式
4. 并参与主要构件的钢筋绑扎安装及验收工作
5. 能识读钢筋施工图，会计算钢筋的下料长度

学习难点： 钢筋下料长度的计算；钢筋代换的计算

导学

1. 钢筋有哪些种类?

钢筋种类很多，通常按化学成分、生产工艺、轧制外形、供应形式、直径大小，以及在结构中的用途进行分类：

1）按轧制外形分

（1）光面钢筋：Ⅰ级钢筋（Q235 钢钢筋）均轧制为光面圆形截面，供应形式有盘圆，直径不大于 10 mm，长度为 6 ~ 12 m。

（2）带肋钢筋：有螺旋形、人字形和月牙形三种，一般Ⅱ、Ⅲ级钢筋轧制成人字形，Ⅳ级钢筋轧制成螺旋形及月牙形。

（3）钢线（分低碳钢丝和碳素钢丝两种）及钢绞线。

（4）冷轧扭钢筋：经冷轧并冷扭成型。

2）按直径大小分

钢丝（直径 3 ~ 5 mm）、细钢筋（直径 6 ~ 10 mm）、粗钢筋（直径大于 22 mm）。

3）按力学性能分

Ⅰ级钢筋（235/370 级）、Ⅱ级钢筋（335/510 级）、Ⅲ级钢筋（370/570）和Ⅳ级钢筋（540/835）。

4）按生产工艺分

热轧、冷轧、冷拉的钢筋，还有以Ⅳ级钢筋经热处理而成的热处理钢筋，强度比前者更高。

5）按在结构中的作用分

受压钢筋、受拉钢筋、架立钢筋、分布钢筋、箍筋等。

配置在钢筋混凝土结构中的钢筋，按其作用可分为下列几种：

（1）受力筋——承受拉、压应力的钢筋。

（2）箍筋——承受一部分斜拉应力，并固定受力筋的位置，多用于梁和柱内。

（3）架立筋——用以固定梁内钢箍的位置，构成梁内的钢筋骨架。

（4）分布筋——用于屋面板、楼板内，与板的受力筋垂直布置，将承受的重量均匀地传给受力筋，并固定受力筋的位置，以及抵抗热胀冷缩所引起的温度变形。

（5）其他——因构件构造要求或施工安装需要而配置的构造筋。如腰筋、预埋锚固筋、环等。

2. 钢筋的进场验收与存放有什么规定?

1）钢筋进场前的质量检测

（1）钢筋应有出厂质量合格证或实验报告单，钢筋表面或每捆（盘）钢筋均应有标牌。进场时应按炉罐（批）号及直径分批检验。

（2）检验内容包括查对标志（标牌）、外观检查，并按现行《钢筋混凝土用钢 第 2 部分 热轧带肋钢筋》（GB 1499.2—2007/XG 1—2009）的规定抽取试样做力学性能检验，合格后方可使用。

（3）钢筋在加工过程中，如发现脆断、焊接性能不良或力学性能明显不正常等现象，还应根据现行国家标准对该批钢筋进行化学成分检验或其他专项检验。

2）热轧钢筋的验收

（1）热轧钢筋应分批验收，最好把同直径、同炉号、质量不大于 60 t 的钢筋作为一批。

（2）钢筋表面可以有不超过横肋最大高度的凸块，但不得有裂缝、结疤和折叠。

（3）在每批钢筋中任选两根，每根取两个试样分别进行拉力试验（含屈服强度、抗拉强度、伸长率）和冷弯试验。

（4）有抗震要求的受力钢筋的验收：

对有抗震要求的框架结构纵向受力钢筋，其纵向受力钢筋的强度应满足设计要求，当设计无具体要求时，对一级、二级的抗震等级，检验所得的强度实测值的比值应符合下列规定：

① 钢筋的抗拉强度实测值与屈服强度实测值的比值不应小于 1.25。

② 钢筋的屈服强度实测值与钢筋的强度标准值的比值，当按一级抗震设计时，不应大于 1.25，当按二级抗震设计时，不应大于 1.4。

3）钢筋的保管

为了确保质量，钢筋验收合格后，还要做好保管工作，主要是防止生锈、腐蚀和混用，为此需注意以下几个方面：

（1）堆放场地要干燥，并用方木或混凝土板等作为垫件，一般保持离地 20 cm 以上。非急用钢筋，宜放在有棚盖的仓库内。

（2）钢筋必须严格分类、分级、分牌号堆放，不合格钢筋另做标记分开堆放，并立即清理出现场。

（3）钢筋不要和酸、盐、油这一类的物品放在一起，要在远离有害气体的地方堆放，以免腐蚀。

3. 钢筋的加工方式有哪些？

图 6.13　钢筋加工

4. 钢筋的连接方式有哪些?

1）绑　扎

将相互搭接的钢筋，用 20 ~ 22 号镀锌铁丝扎牢它的中心和两端，将其绑扎在一起。

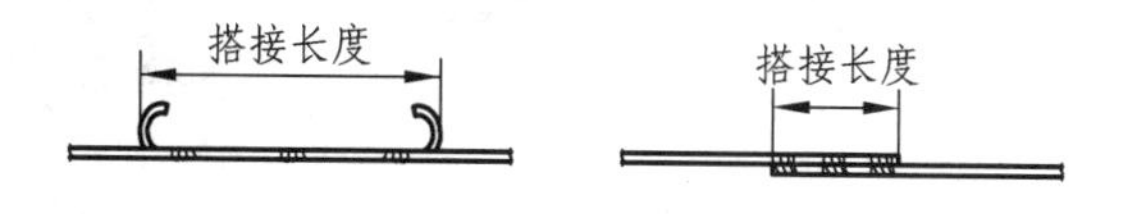

图 6.14　钢筋搭接

2）焊　接

（1）闪光对焊：

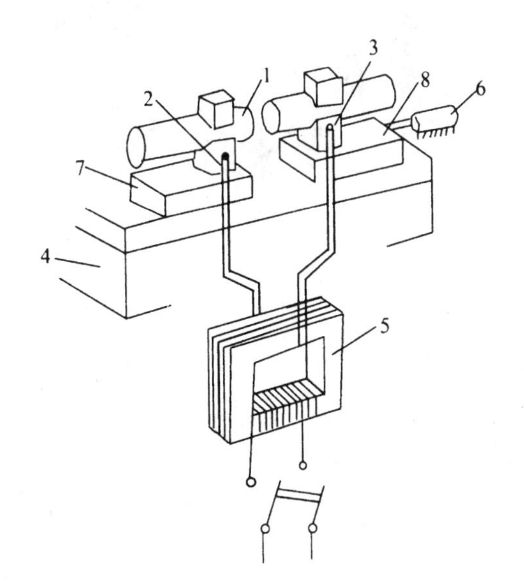

图 6.15　对焊机基本构造图

1—钢筋；2—固定电极；3—可动电极；4—机座；5—焊接变压器；
6—手动顶压机构；7—固定支座；8—滑动支座

（2）电弧焊：

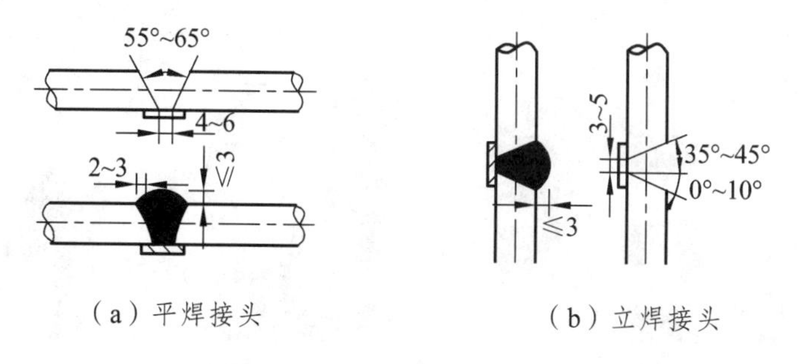

（a）平焊接头　　（b）立焊接头

图 6.16　钢筋坡口焊接头

（3）电渣压力焊：

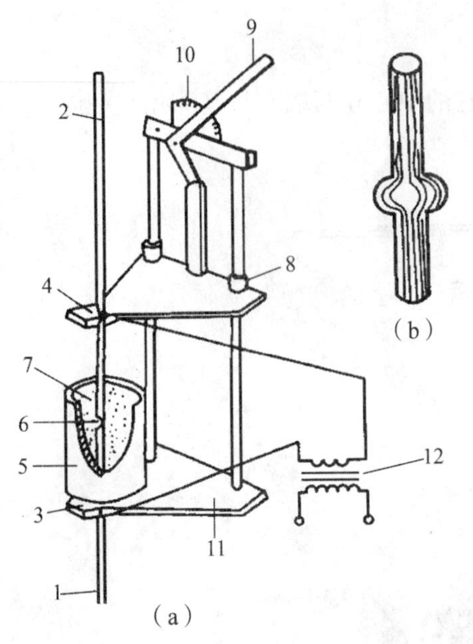

图 6.17　电渣压力焊

3）机械连接

（1）套筒挤压连接：

套筒挤压连接是把两根待接钢筋的端头先插入一个优质钢套管，然后用挤压机在侧向加压数道，套筒塑性变形后即与带肋钢筋紧密咬合，达到连接的目的。

（2）锥螺纹连接：

锥螺纹连接是用锥形纹套筒将两根钢筋端头对接在一起，利用螺纹的机械咬合力传递拉力或压力。所用的设备主要是套丝机，通常安放在现场，对钢筋端头进行套丝。

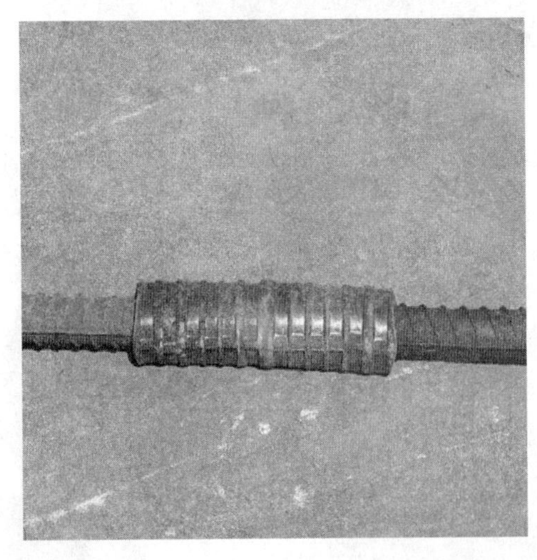

图 6.18　套筒挤压连接

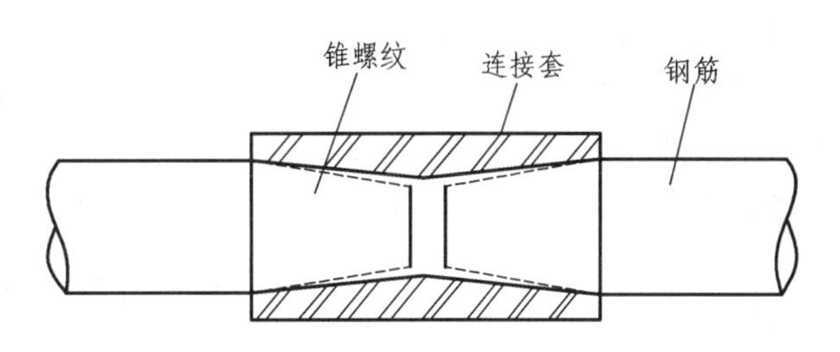

图 6.19　锥螺纹连接

（3）直螺纹连接：

先把钢筋端部用套丝机切削成直螺纹，最后用套筒实行钢筋对接。

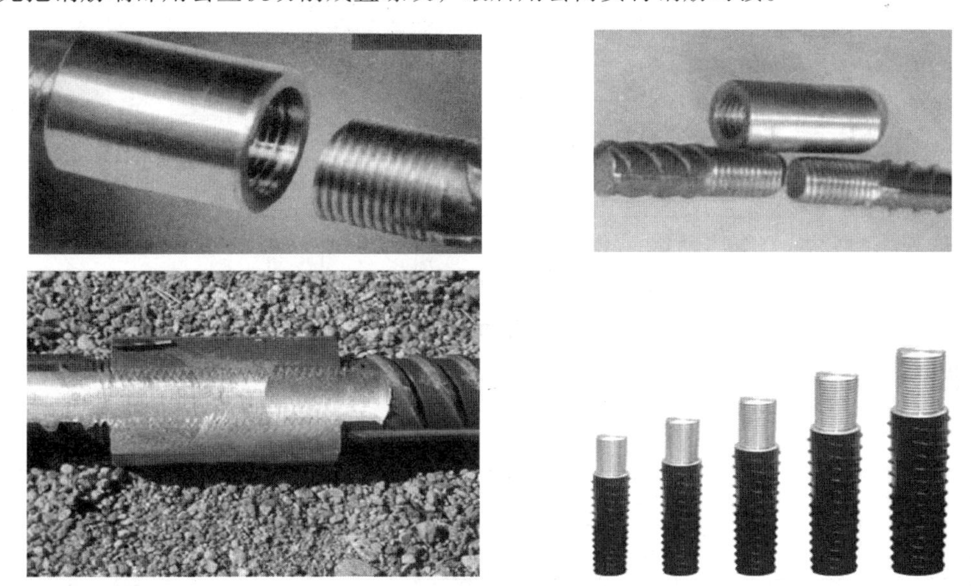

图 6.20　直螺纹连接

5. 钢筋下料长度如何计算?

直钢筋下料长度 = 构件长度 + 弯钩增加长度 − 保护层厚度

弯起钢筋下料长度 = 直段长度 + 斜段长度 − 弯曲调整值 + 弯钩增加长度

箍筋下料长度 = 箍筋周长 + 弯钩增加长度 − 弯曲调整值

其中，弯曲调整值即钢筋弯曲角度与调整值的关系是：30° 为 $0.35d$、45° 为 $0.5d$，60° 为 $0.85d$、90° 为 $2d$、135° 为 $2.5d$。

弯钩增加长度：当弯心直径为 $2.5d$、平直部分为 $3d$ 时，半圆弯钩为 $6.25d$，直弯钩为 $3.5d$，斜弯钩（135°）为 $4.9d$。

6. 为什么钢筋要有一定的锚固长度?

钢筋混凝土结构中，两种性能不同的材料能够共同受力是由于它们之间存在着黏结锚固作用，这种作用使接触界面两边的钢筋与混凝土之间能够实现应力传递，从而在钢筋与混凝土中建立起结构承载所必需的工作应力。

钢筋在混凝土中的黏结锚固作用有：胶结力——接触面上的化学吸附作用，但其影响力不大；摩阻力——它与接触面的粗糙程度及侧压力有关，且随滑移发展其作用逐渐减小；咬合力——这是带肋钢筋横肋对肋前混凝土挤压而产生的，为带肋钢筋锚固力的主要来源；机械锚固力——这是指弯钩、弯折及附加锚固等措施（如焊钢筋、焊钢板等）提供的锚固作用。

影响钢筋在混凝土中的锚固作用的因素有：混凝土强度等级、保护层厚度、钢筋锚固程度、配筋情况、机械锚固（弯钩、弯折、焊箍筋、焊横筋、焊角钢、焊钢板等附加锚固措施）以及锚固区内侧向压力的约束等。

7. 纵向受拉钢筋的最小锚固长度应为多少?

表 6.3 受拉钢筋基本锚固长度

钢筋种类	抗震等级	混凝土强度等级								
		C20	C25	C30	C35	C40	C45	C50	C55	≥C60
HPB300	一、二级	45*d*	39*d*	35*d*	32*d*	29*d*	28*d*	26*d*	25*d*	24*d*
	三级	41*d*	36*d*	32*d*	29*d*	26*d*	25*d*	24*d*	23*d*	22*d*
	四级 非抗震	39*d*	34*d*	30*d*	28*d*	25*d*	24*d*	23*d*	22*d*	21*d*
HRB335 HRBF335	一、二级	44*d*	38*d*	33*d*	31*d*	29*d*	26*d*	25*d*	24*d*	24*d*
	三级	40*d*	35*d*	31*d*	28*d*	26*d*	24*d*	23*d*	22*d*	22*d*
	四级 非抗震	38*d*	33*d*	29*d*	27*d*	25*d*	23*d*	22*d*	21*d*	21*d*
HRB400 HRBF400 RRB400	一、二级	—	46*d*	40*d*	37*d*	33*d*	32*d*	31*d*	30*d*	29*d*
	三级	—	42*d*	37*d*	34*d*	30*d*	29*d*	28*d*	27*d*	26*d*
	四级 非抗震	—	40*d*	35*d*	32*d*	29*d*	28*d*	27*d*	26*d*	25*d*
HRB500 HRBF500	一、二级	—	55*d*	49*d*	45*d*	41*d*	39*d*	37*d*	36*d*	35*d*
	三级	—	50*d*	45*d*	41*d*	38*d*	36*d*	34*d*	33*d*	32*d*
	四级 非抗震	—	48*d*	43*d*	39*d*	36*d*	34*d*	32*d*	31*d*	30*d*

8. 什么是钢筋的保护层?

混凝土保护层是指最外层钢筋外缘至混凝土构件表面的距离，其作用是保护钢筋在混凝土结构中不受锈蚀。无设计要求时应符合规范规定。

表 6.4 混凝土保护层的最小厚度 mm

环境类别	板、墙	梁、柱
一	15	20
二 a	20	25
二 b	25	35
三 a	30	40
三 b	40	50

表 6.5 混凝土结构的环境类别

环境类别	条 件
一	室内干燥环境； 无侵蚀性静水浸没环境
二 a	室内潮湿环境； 非严寒和非寒冷地区的露天环境； 非严寒和非寒冷地区与无侵蚀性的水或土壤直接接触的环境； 严寒和寒冷地区的冰冻线以下与无侵蚀性的水或土壤直接接触的环境
二 b	干湿交替环境； 水位频繁变动环境； 严寒和寒冷地区的露天环境； 严寒和寒冷地区的冰冻线以上与无侵蚀性的水或土壤直接接触的环境
三 a	严寒和寒冷地区冬季水位变动区环境； 受除冰盐影响环境； 海风环境
三 b	盐渍土环境； 受除冰盐作用环境； 海岸环境
四	海水环境
五	受人为或自然的侵蚀性物质影响的环境

混凝土的保护层厚度，一般用水泥砂浆垫块或塑料卡垫在钢筋与模板之间来控制。塑料卡的形状有塑料垫块和塑料环圈两种。塑料垫块用于水平构件，塑料环圈用于垂直构件。

9. 哪些钢筋可不做弯钩?

钢筋骨架中的受力光圆钢筋应在末端做弯钩；但在下列钢筋的末端可不做：

钢筋骨架中的受力带肋钢筋、焊接骨架和焊接网中的钢筋、轴心受压构件中的钢筋、板的分布钢筋、梁中不受力的架立钢筋、梁柱中按构造配置的纵向附加钢筋等。

10. 钢筋怎样代换？钢筋代换的原则是什么?

当施工中遇到钢筋品种或规格与设计要求不符时，可参照以下原则进行钢筋代换。

（1）等强度代换方法：

当构件配筋受强度控制时，可按代换前后强度相等的原则代换，称作“等强度代换”。

如设计图中所用的钢筋设计强度为 f_{y1}，钢筋总面积为 A_{s1}，代换后的钢筋设计强度为 f_{y2}，钢筋总面积为 A_{s2}，即

$$n_2 \geqslant \frac{n_1 d_1^2 f_{y1}}{d_2^2 f_{y2}} \tag{6-1}$$

式中 n_1——原设计钢筋根数；

d_1——原设计钢筋直径（mm）;

n_2——代换后钢筋根数；

d_2——代换后钢筋直径（mm）。

（2）等面积代换方法：

当构件按最小配筋率配筋时，可按代换前后面积相等的原则进行代换，称作“等面积代换”。代换时应满足下式要求：

$$A_{s1} \leqslant A_{s2}$$

$$n_2 \geqslant n_1 \cdot \frac{d_1^2}{d_2^2}$$

（3）当构件配筋受裂缝宽度或挠度控制时，代换后应进行裂缝宽度或挠度验算。

11. 钢筋安装完毕后，应检查哪些方面?

（1）根据设计图样检查钢筋的钢号、直径、根数间距是否正确；特别要检查负筋的位置。

（2）检查钢筋接头的位置及搭接长度是否符合规定。

（3）检查混凝土保护层是否符合要求。

（4）检查钢筋是否绑扎牢固，有无松动变形现象。

（5）钢筋表面不允许有油渍、漆污和颗粒状（片状）铁锈。

（6）钢筋位置的允许偏差，不得大于表 6.6 规定。

表 6.6　钢筋安装位置的允许偏差和检验方法

项　目			允许偏差/mm	检验方法
绑扎钢筋网	长、宽		±10	钢尺检查
	网眼尺寸		±20	钢尺量连续三挡，取最大值
绑扎钢筋骨架	长		±10	钢尺检查
	宽、高		±5	钢尺检查
受力钢筋	间距		±10	钢尺量两端、中间各一点
	排距		±5	取最大值
	保护层厚度	基础	±10	钢尺检查
		柱、梁	±5	钢尺检查
		板、墙、壳	±3	钢尺检查
绑扎箍筋、横向钢筋间距			±20	钢尺量连续三挡，取最大值
钢筋弯起点位置			20	钢尺检查
预埋件	中心线位置		5	钢尺检查
	水平高差		+3.0	钢尺和塞尺检查

注：1. 检查预埋件中心线位置时，应沿纵、横两个方向量测，并取其中的较大值。
　　2. 表中梁类、板类构件上部纵向受力钢筋保护层厚度的合格率应达到 90% 及以上，且不得有超过表中数值 1.5 倍的尺寸偏差。

钢筋工程属于隐蔽工程，在浇筑混凝土前应对钢筋及预埋件进行验收，并做好隐蔽工程记录。

12. 钢筋安装质量验收有哪些项目？

1）主控项目

钢筋安装时，受力钢筋的品种、级别、规格和数量必须符合设计要求。检查数量：全数检查。

检验方法：观察，钢尺检查。

2）一般项目

钢筋安装位置的允许偏差和检验方法应符合表 6.9 的规定。

检查数量：在同一检验批内，对梁、柱和独立基础，应抽查构件数量的 10%，且不少于 3 件；对墙和板，应按有代表性的自然间抽查 10%，且不少于 3 间；对大空间结构，墙可按相邻轴线间高度 5 m 左右划分检查面，板可按纵、横轴线划分检查面，抽查 10%，且均不少于 3 面。

任务训练

平法应用题：某楼层框架梁如图所示，框架柱截面为 500 mm×500 mm，吊筋为 2Φ14。问题：

（1）画出 1—1、2—2 配筋断面图。

（2）计算各钢筋的下料长度。

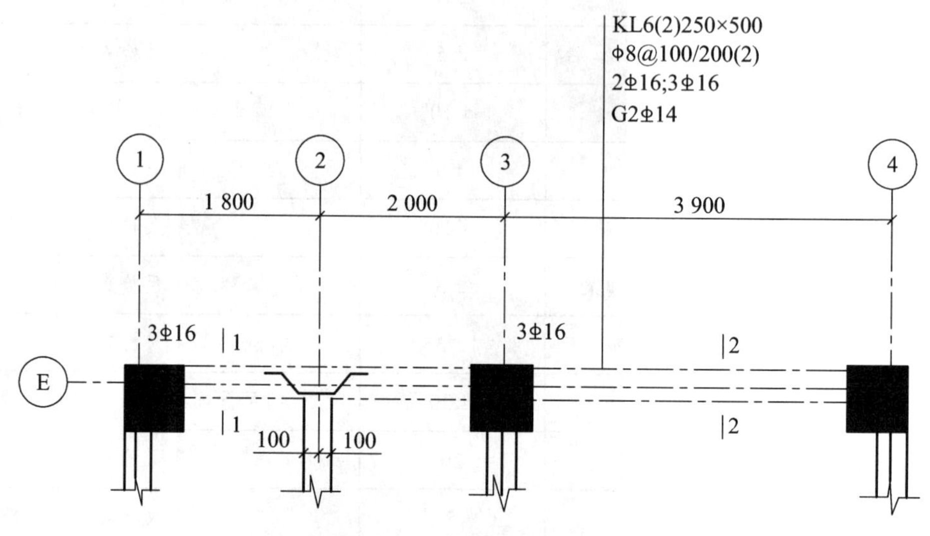

图 6.21　框架梁配筋图

6.3　混凝土工程施工

学习重点：	1. 能说出主要构件的混凝土施工过程 2. 会计算混凝土施工配合比及做施工配料 3. 知道混凝土制备、搅拌、运输的基本要求 4. 知道混凝土浇筑的方法与基本要求 5. 知道混凝土养护的方法与基本要求 6. 知道混凝土工程施工质量验收要点
学习难点：	混凝土缺陷的防治

导学

1. 混凝土工程的施工包含哪些过程？混凝土施工前要做好哪些准备工作？

混凝土工程包括混凝土的搅拌、运输、浇筑、捣实和养护等施工过程，各个施工过程紧密联系又相互影响，任意施工过程处理不当都会影响混凝土的最终质量。

混凝土施工前的准备工作：

（1）模板检查。主要检查模板的位置、标高、截面尺寸、垂直度是否正确，接缝是否严密，预埋件位置和数量是否符合图纸要求，支撑是否牢固。

（2）钢筋检查。主要对钢筋的规格、数量、位置、接头、接头面积百分率、保护层厚度是否正确，是否沾有油污等进行检查，填写隐蔽工程验收记录，并安排专人负责浇筑混凝土时钢筋的修整工作。

（3）如果采用商品混凝土，在工地项目技术负责人指导下制订申请计划，公司物资部负责选择合格混凝土供应商厂家，并应会同监理工程师、建设单位代表对厂家进行考察评审。

（4）材料、机具、道路的检查。

（5）了解天气预报，准备好防雨、防冻措施，夜间施工准备好照明工作。

（6）做好安全设施检查，安全与技术交底，劳务分工以及其他准备工作。

2. 什么是混凝土的施工配合比?

混凝土实验室配合比是根据干燥的砂、石骨料制定的，但实际使用的 砂、石一般都含有一些水分，而含水量又会随气候条件变化。如某工地所用砂、石的含水量分别为 4% 和 2%，则每立方米混凝土的水灰比有可能增大即每立方米混凝土的实际用水量可能增加 50 ~ 60 kg，这将对混凝土的质量产生极大的影响，故施工时应将实验室配合比换算成实际含水量的施工配合比。

设实验室配合比为：水泥：砂：石 = 1：x：y，水灰比为 W/C，并测出砂、石的含水量分别为 w_x、w_y，则施工配合比应为：1：$x(1+w_x)$：$y(1+w_y)$。

3. 什么是混凝土搅拌?

混凝土搅拌，是将水、水泥和粗细骨料进行均匀拌和及混合的过程。同时，通过搅拌使材料达到强化、塑化的作用。

混凝土搅拌时，原材料计量要准确，计量的允许偏差不应超过下列限值：

水泥和掺合料为 ± 2%，粗、细骨料为 ± 3%，水及外加剂为 ± 2%，施工时重点对混凝土的质量进行监控，以保证工程质量。混凝土原材料的要求：

（1）水泥进场时应对品种、级别、包装或散装仓号、出厂日期等进行检查。

（2）当使用中对水泥质量有怀疑或水泥出厂超过 3 个月（快硬硅酸盐水泥超过 1 个月）时，应进行复验，并依据复验结果使用。

（3）混凝土中掺外加剂的质量应符合现行国家标准《混凝土外加剂》（GB 8076—2008）、《混凝土外加剂应用技术规范》（GB 50119—2003）等和有关环境保护的规定。

（4）混凝土中掺用矿物掺合料的质量应符合现行国家标准《用于水泥和混凝土中的粉煤灰》（GB 1596—2005）等的规定。

（5）普通混凝土所用的粗、细骨料的质量应符合《普通混凝土用砂、石质量及检验方法标准》（JGJ 52—2006）。

（6）拌制混凝土宜采用饮用水；当采用其他水源时，水质应符合国家标准《混凝土用水标准》（JGJ 63—2006）的规定。

4. 混凝土搅拌机有哪些类型?

混凝土搅拌机按其搅拌原理分为自落式和强制式两类。

自落式搅拌机多用于搅拌塑性混凝土和低流动性混凝土。

强制式搅拌机多用于搅拌干硬性混凝土和轻骨料混凝土。

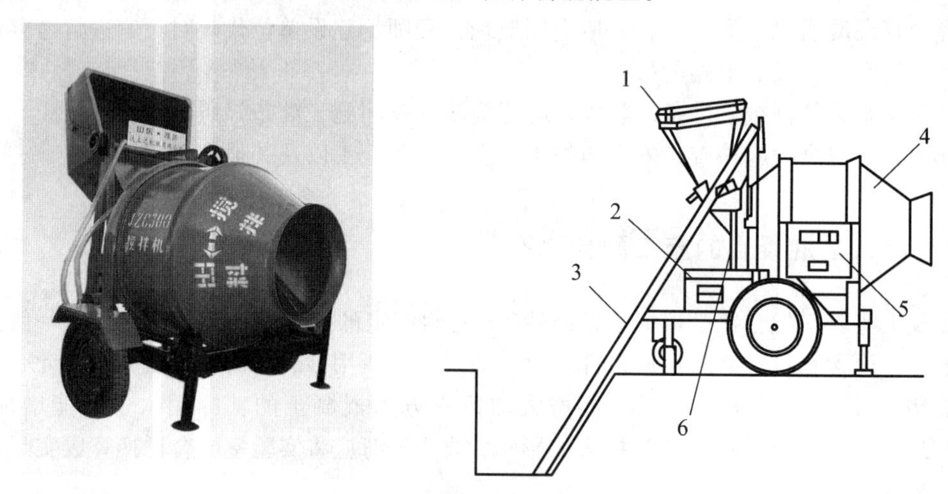

图 6.22 自落式锥形搅拌机

1—上料斗；2—电动机；3—上料轨道；4—搅拌筒；
5—开关箱；6—水管

5. 混凝土搅拌制度有哪些?

混凝土的搅拌制度主要包括三方面：搅拌时间、投料顺序、进料容量。

6. 混凝土搅拌时间如何控制?

混凝土的搅拌时间：从砂、石、水泥和水等全部材料投入搅拌筒起，到开始卸料为止所经历的时间，见表 6.7 所列。

在一定范围内，随搅拌时间的延长，强度有所提高，但过长时间的搅拌既不经济，而且混凝土的和易性又将降低，影响混凝土的质量。

表 6.7　混凝土搅拌的最短时间

混凝土塌落度/mm	搅拌机类型	最短时间/s		
		搅拌机容量		
		250 L	250 ~ 500 L	> 500 L
≤30	自落式	90	120	150
	强制式	60	90	120
> 30	自落式	90	90	120
	强制式	60	60	90

7. 什么是二次投料法?

二次投料法，是先向搅拌机内投入水和水泥（和砂），待其搅拌 1 min 后再投入石子和砂继续搅拌到规定时间。

目前常用的方法有两种：预拌水泥砂浆法和预拌水泥净浆法。

预拌水泥砂浆法是指先将水泥、砂和水加入搅拌筒内进行充分搅拌，成为均匀的水泥砂浆后，再加入石子搅拌成均匀的混凝土。

预拌水泥净浆法是先将水泥和水充分搅拌成均匀的水泥净浆后，再加入砂和石子搅拌成混凝土。

8. 什么是水泥裹砂法?

水泥裹砂石法混凝土又称为造壳混凝土（简称 SEC 混凝土）。

（1）它是分两次加水，两次搅拌。先将全部砂、石子和部分水倒入搅拌机拌和，使骨料湿润，称之为造壳搅拌。

（2）搅拌时间以 45 ~ 75 s 为宜，再倒入全部水泥搅拌 20 s，加入拌和水和外加剂进行第二次搅拌，60 s 左右完成，这种搅拌工艺称为水泥裹砂法。

9. 混凝土的运输时间有什么规定?

混凝土应以最少的转载次数和最短的时间，从搅拌地点运到浇筑地点。混凝土运输中的全部时间不应超过混凝土的初凝时间。混凝土从搅拌机中卸出到浇筑完毕的延续时间应符合表 6.8 规定。

表 6.8　从搅拌机中卸出后到搅拌完毕的延续时间

混凝土强度等级	延续时间/min	
	气温 < 25 °C	气温 ≥ 25 °C
≤C30	≤120	≤90
> C30	≤90	≤60

图 6.23　砼搅拌车与砼泵

10. 泵送混凝土对原材料有什么特殊要求?

（1）粗骨料：碎石最大粒径与输送管内径之比不宜大于 1∶3；卵石不宜大于 1∶2.5。

（2）砂：以天然砂为宜，砂率宜控制在 40%～50%，通过 0.315 mm 筛孔的砂不少于 15%。

（3）水泥：最少水泥用量为 300 kg/m^3，坍落度宜为 80～180 mm，混凝土内宜适量掺入外加剂。泵送轻骨料混凝土的原材料选用及配合比，应通过试验确定。

（4）外加剂：一般为减水剂、木质素磺酸钙、粉煤灰，掺入外加剂可增加可泵性。

（5）泵送混凝土的坍落度：

泵送距离 30 m 以下，100～140 mm；泵送距离 30～60 m 时，140～160 mm；

泵送距离 60～100 m 时，160～180 mm；泵送距离 100 m 以上，180～200 mm。

11. 泵送混凝土施工中应注意哪些问题?

（1）输送管的布置宜短直，尽量减少弯管数，转弯宜缓，管段接头要严密，少用锥形管。

（2）混凝土的供料应保证混凝土泵能连续工作，不间断；正确选择骨料级配，严格控制配合比。

（3）泵送前，为减少泵送阻力，应先用适量与混凝土成分相同的水泥浆或水泥砂浆润滑，输送管内壁。

（4）开始泵送时，混凝土泵应处于慢速、匀速并随时可反泵的状态。泵送速度，应先慢后快，逐步加速。同时，应观察混凝土泵的压力和各系统的工作情况，待各系统运转顺利后，方可以正常速度进行泵送。混凝土泵送应连续进行。如必须中断时，其中断时间不得超过混凝土从搅拌至浇筑完毕所允许的延续时间。当混凝土泵出现压力升高且不稳定、油温升高、输送管明显振动等现象而泵送困难时，不得强行泵送，并应立即查明原因，采取措施排除。可先用木槌敲击输送管弯管、锥形管等部位，并进行慢速泵送或反泵，防止堵塞。

（5）防止停歇时间过长，若停歇时间超过 45 min，应立即用压力或其他方法冲洗管内残留的混凝土。

（6）泵送结束后，要及时清洗泵体和管道。

12. 混凝土浇筑的一般规定有哪些？

（1）混凝土浇筑前不应发生初凝和离析现象。混凝土运到后，其坍落度应满足表 6.9 的要求。

表 6.9 混凝土浇筑时的坍落度

结构种类	坍落度/mm
基础或地面的垫层、无配筋的大体积结构（挡土墙、基础等）或配筋稀疏的结构	10～30
板、梁和大型及中型截面的柱子	30～50
配筋密列的结构（薄壁、斗仓、筒仓、细柱等）	50～70
配筋特密的结构	70～90

（2）为了保证混凝土浇筑时不产生离析现象，混凝土自高处倾落时的自由倾落高度不宜超过 2 m。若混凝土自由倾落高度超过 2 m，则应设溜槽或串筒。

（3）为保证混凝土结构的整体性，混凝土浇筑原则上应一次完成。每层浇筑厚度应符合表 6.10 的规定。

表 6.10 混凝土浇筑层厚度 mm

混凝土的捣实方法		浇筑层厚度
插入式振捣		振捣器作用部分的 1.25 倍
表面振捣		200
人工捣实	在基础、无筋混凝土或配筋稀疏的结构中	250
	在梁、墙板、柱结构中	200
	在配筋密列的结构中	150
轻骨料混凝土	插入式振捣器	300
	表面振捣（振捣时需加荷）	200

（4）混凝土的浇筑工作应尽可能连续。

① 如间隔时间必须超过混凝土初凝时间，则应按施工技术方案的要求留设施工缝。

② 在竖向结构（如墙、柱）中浇筑混凝土时，先浇筑一层 50 ~ 100 mm 厚与混凝土成分相同的水泥砂浆，然后再分段分层灌注混凝土。主要目的是防止烂根现象。

13. 什么是施工缝？混凝土柱、梁和板的施工缝怎样留置？

混凝土结构大多要求整体浇筑，如果由于技术或施工组织上的原因，不能对混凝土结构一次连续浇筑完毕，而必须停歇较长的时间，其停歇时间已超过混凝土的初凝时间，致使混凝土已初凝，当继续浇混凝土时，形成了接缝，即为施工缝。

（1）施工缝留设的原则：宜留在结构受剪力较小的部位，同时方便施工。

（2）柱子的施工缝宜留在基础与柱子交接处的水平面上、梁的下面、吊车梁牛腿的下面、吊车梁的上面、无梁楼盖柱帽的下面。

（3）高度大于 1 m 的钢筋混凝土梁的水平施工缝，应留在楼板底面下 20 ~ 30 mm 处，当板下有梁托时，留在梁托下部。

（4）单向平板的施工缝，可留在平行于短边的任何位置处。

（5）对于有主次梁的楼板结构，宜顺着次梁方向浇筑，施工缝应留在次梁跨度的中间 1/3 范围内，如图 6.35 所示。

（6）墙的施工缝可留在门窗洞口过梁跨度中间 1/3 范围内，也可留在纵横墙的交接处。

（7）楼梯的施工缝应留在梯段长度的中间 1/3 范围，双向板、大体积混凝土等应按设计要求留设。

14. 施工缝处继续浇筑混凝土时应注意些什么？

（1）施工缝处继续浇筑混凝土时，应待混凝土的抗压强度不小于 1.2 MPa 方可进行。

（2）施工缝浇筑混凝土之前，应除去施工缝表面的水泥薄膜、松动石子和软弱的混凝土层，并加以充分湿润和冲洗干净，不得有积水。

（3）浇筑时，施工缝处宜先铺水泥浆（水泥∶水 = 1∶0.4），或与混凝土成分相同的水泥砂浆一层，厚度为 30 ~ 50 mm，以保证接缝的质量。

（4）浇筑过程中，施工缝应细致捣实，使其紧密结合。

15. 后浇带如何留置？

后浇带是在现浇混凝土结构施工过程中，克服由于温度、收缩而可能产生有害裂缝而设置的临时施工缝。该缝需根据设计要求保留一段时间后再浇筑混凝土，将整个结构连成整体。后浇带内的钢筋应完好保存。

图 6.24　后浇带

16. 框架混凝土浇筑时，一般应注意哪些事项?

多层钢筋混凝土框架结构的浇筑：浇筑多层框架结构首先要划分施工层和施工段，施工层一般按结构层划分，而每一施工层的施工段划分，则要考虑工序数量、技术要求、结构特点等。

浇筑柱子混凝土：施工段内的每排柱子应由外向内对称地依次浇筑，禁止由一端向另一端推进，预防柱子模板因湿胀造成受推倾斜而使误差积累难以纠正；浇筑柱子混凝土前，柱底表面应用高压冲洗干净后，先浇筑一层 50 ~ 100 mm 厚与混凝土成分相同的水泥砂浆，然后再分层分段浇筑混凝土。

梁和板一般应同时浇筑，顺次梁方向从一端开始向前推进。浇筑方法应由一端开始用“赶浆法”，即先浇筑梁，分层浇筑成阶梯形，当达到板底位置时，再与板的混凝土一起浇筑，随着阶梯形不断延伸，梁板混凝土浇筑连续向前进行。

楼梯段混凝土自下而上浇筑，先振实底板混凝土，达到踏步位置时再与踏步混凝土一起振捣，连续不断地向上推进，并随时用木抹子（或塑料抹子）将踏步上表面抹平。

17. 混凝土覆盖浇水自然养护应注意些什么?

混凝土的自然养护是指在平均气温高于 + 5 °C 的条件下使混凝土保持湿 润状态。用覆盖物并浇水时应注意以下规定：

（1）养护应在混凝土浇筑完毕后的 12 h 内进行。

（2）混凝土的浇水养护时间，对采用硅酸盐水泥、普通硅酸盐水泥或矿渣硅酸盐水泥拌制的混凝土不得少于 7 d，对掺用缓凝型外加剂或有抗渗性要求的混凝土不得少于 14 d。

（3）当日气温低于 5 °C 时，不得浇水。

18. 混凝土蒸汽养护有哪四个阶段?

（1）静停阶段　混凝土构件成型后在室温下停放养护叫静停，时间为 2 ~ 6 h 以防止构件表面产生裂缝和疏松现象。

（2）升温阶段　升温阶段是构件的吸热阶段。升温速度不宜过快，以免构件表面和内部产生过大温差而出现裂纹。对薄壁构件每小时不得超过 25 °C；其他构件不得超过 20 °C；用于硬性混凝土制作的构件不得超过 40 °C。

（3）恒温阶段　恒温阶段是升温后温度保持不变的时间，此时强度增长最快，这个阶段应保持 90% ~ 100% 的相对湿度；最高温度不得大于 95 °C，时间为 3 ~ 8 h。

（4）降温阶段　降温阶段是构件的散热过程，降温速度不宜过快，每小时不得超过 10 °C，出池后构件表面与外界温差不得大于 20 °C。

19. 混凝土质量验收主要有哪些项目?

混凝土质量检查主要包括施工过程中的质量检查和养护后的质量检查。

施工过程中的质量检查即在制备和浇筑过程中对原材料的质量、配合比、坍落度等的检查，每一工作班组至少检查两次，遇有特殊情况还应及时进行检查，如混凝土的搅拌时间应随时检查。

混凝土养护后的质量检查主要包括混凝土的强度、表面外观质量和结构构件的轴线、标高、截面尺寸和垂直度的偏差。如构件特征上有特殊要求时，还需对其抗冻性、抗渗性等进行检查。

20. 评定结构或构件混凝土强度质量的试块应如何留置?

评定结构或构件混凝土强度质量的试块应在浇筑处随机抽样制成，不得挑选。试件留置规定为：

（1）每拌制 100 盘且不超过 100 m^3 的同配合比的混凝土，其取样不得少于一次。

（2）每工作班组拌制的同配合比的混凝土不足 100 盘时，其取样不得少于一次。

（3）每一现浇楼层同配合比的混凝土，其取样不得少于一次；同一单位工程每一验收项目中同配合比的混凝土，其取样不得少于一次。每次取样应至少留置一组标准试件，同条件养护试件的留置组数根据实际需要确定。预拌混凝土除应在预拌混凝土厂按规定取样外，混凝土运到施工现场后，尚应按上述的规定留置试件。

21. 规范中混凝土分项工程的混凝土施工质量验收一般项目有哪些?

混凝土施工质量验收的一般项目有：

（1）施工缝的位置应在混凝土浇筑前按设计要求和施工技术方案确定。施工缝的处理应按施工技术方案执行。

检验方法：观察，检查施工记录。检查数量：全数检查。

（2）后浇带的留置位置应按设计要求和施工技术方案确定。后浇带混凝土浇筑应按施工技术方案执行。

检验方法：观察，检查施工记录。检查数量：全数检查。

（3）混凝土浇筑完毕后，应按施工技术方案及时采取有效的养护措施，并应符合下列规定：

① 应在浇筑完毕后的 12 h 内对混凝土加以覆盖并保湿养护。

② 混凝土浇水养护的时间：对采用硅酸盐水泥、普通硅酸盐水泥或矿渣硅酸盐水泥拌制的混凝土，不得少于 7 d；对掺用缓凝剂或有抗渗要求的混凝土，不得少于 14 d。

③ 浇水次数应能保持混凝土处于湿润状态；混凝土养护用水应与拌制用水相同。

④ 采用塑料薄膜覆盖养护的混凝土，其敞露的全部表面应覆盖严密， 并应保持塑料薄膜内有凝结水。

（4）混凝土强度达到 1.2 N/mm^2 前，不得在其上踩踏或安装模板及支架。 检验方法：观察，检查施工记录。检查数量：全数检查。

任务训练

学生分组合作完成以下任务：

1. 已知 C25 混凝土的实验室配合比为 1∶2.45∶4.89，水灰比为 0.65，经测定，砂的含水率为 3%，石子的含水率为 1%，每 1 m^3 混凝土的水泥用量 320 kg，试计算施工配合比及 1 m^3 混凝土材料用量。如采用 JZ250 型搅拌机，出料容量为 0.25 m^3，则每搅拌一次的装料数量为多少？

2. 某框架结构主体工程施工，日需用混凝土量约 500 m^3。试编制混凝土运输、浇筑与振捣和养护的方案。

学习方法建议

➢ 自主学习

学生在教师的引导下，以小组讨论、自主学习的形式工作。通过查资料、规范、网上资源以及教材、学材的学习等多种方式完成训练任务。

➢ 小组发言

各小组选派一名代表讲解本小组完成训练任务的过程及结果，小组其他成员予以补充。

➢ 评　　价

小组之间按照统一标准，对各小组回答问题、完成任务的过程及结果进行互评（可参考附录评价表格式进行）。

项目七　预应力混凝土工程施工

学习导航

序号	学习目标	知识要点	权重
1	了解预应力混凝土先张法、后张法的施工工艺	先张法施工、后张法的施工	30%
2	了解常见的张拉机具设备的使用	张拉机具设备	15%
3	了解预应力筋的制作方法	预应力筋的制作	10%
4	知道预应力混凝土施工特点、施工原理	预应力混凝土施工	15%
5	知道预应力混凝土施工质量检查方法和施工安全措施	预应力混凝土施工质量检查方法和施工安全措施	30%

学习重点： 1. 预应力混凝土先张法、后张法的施工工艺

2. 知道预应力混凝土施工特点、施工原理

学习难点： 先张法、后张法施工流程的认识

导学

1. 什么是预应力混凝土?

预应力混凝土是在外荷载作用前，预先建立有预压应力的混凝土。混凝土的预压应力一般是通过张拉预应力筋实现的。

预应力混凝土，与钢筋混凝土比较，具有构件截面小、自重轻、刚度大、抗裂度高、耐久性好、材料省等优点，但预应力混凝土施工，需要专门的材料与设备、特殊的工艺，单价较高。适用于大开间、大跨度与重荷载的砖结构中。

预应力混凝土有以下一些种类：

（1）预应力混凝土按预应力度大小可分为：全预应力混凝土和部分预应力混凝土。全预应力混凝土是在全部使用荷载下受拉边缘不允许出现拉应力的预应力混凝土，适用于要求混凝土不开裂的结构。部分预应力混凝土是在全部使用荷载下受拉边缘允许出现一定的拉应力或裂缝的预应力混凝土，其综合性能较好，费用较低，适用面广。

（2）预应力混凝土按施工方式不同可分为：预制预应力混凝土、现浇预应力混凝土和叠合预应力混凝土等。

（3）预应力混凝土按预加应力的方法不同可分为：先张法预应力混凝土和后张法预应力混凝土。在后张法中，按预应力筋黏结状态又可分为：有黏结预应力混凝土和无黏结预应力混凝土。

2. 什么是先张法预应力混凝土、后张法预应力混凝土?

先张法是在浇筑混凝土前张拉预应力筋,并将张拉的预应力筋临时固定在台座或钢模上，待混凝土达到一定强度，混凝土与预应力筋已具有足够的黏结力，即可放松预应力筋。先张法一般适合中小型预应力混凝土构件。其生产方式有台座法和机组流水法（模板法）。

后张法的施工程序是先制作混凝土构件，后张拉预应力筋，并用锚具将预应力筋锚固在构件端部，后张法由此得名。

后张法施工由于直接在钢筋混凝土构件上进行预应力的张拉,故不需要固定的台座设备，不受地点限制，适合于在现场施工大型预应力混凝土构件。而且后张法又是预制构件拼装的一种手段，过大的混凝土构件，可在预制厂制做成小型体块，运到工地后，穿入预应力筋，施加预应力拼装为整体。

3. 什么是锚具、夹具与连接器?

锚具是后张法结构或构件中为保持预应力筋并将其传递到混凝土上用的永久性锚固装置。夹具是先张法构件施工时为保持预应力筋并将其固定在张拉台座（或钢模）上用的临时性锚固装置。后张法张拉用的夹具又称工具锚，是将千斤顶的张拉力传递到预应力筋的装置。连接器是先张法或后张法施工中将预应力从一根预应力筋传递到另一根预应力筋的装置。

预应力筋用锚具、夹具和连接器按锚固方式不同，可分为：夹片式（JM 型锚具、单孔夹片锚具与多孔夹片锚具等）、支承式（镦头锚具、螺纹端杆锚具等）、锥塞式（钢质锥形锚具、槽形锚具等）和握裹式（压花锚具、挤压锚具等）四类。

图 7.1　台　座

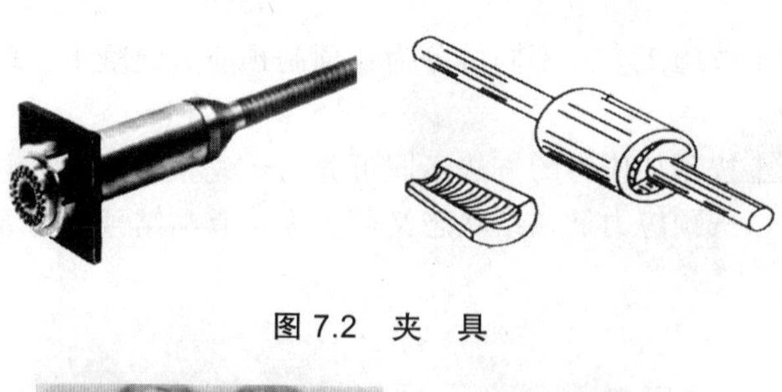

图 7.2 夹 具

JM锚具

单孔锚具

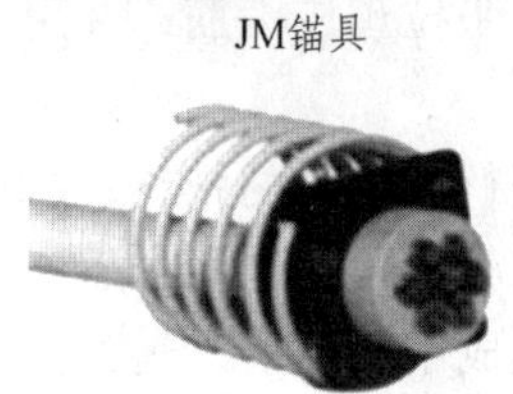

多孔张拉端锚具

DM型锚具

图 7.3 锚 具

4. 先张法应遵守哪些规定？先张法预应力筋如何张拉？施工中应注意哪些事项？

先张法应遵守下列规定：

（1）先张法墩式台座的承力台墩，其承载能力和刚度必须满足要求，且不得倾覆和滑移，其抗倾覆和滑移安全系数，应符合现行国家标准《建筑地基基础设计规范》的规定。台座的构造，应适合构件生产工艺的要求；台座的台面，宜采用预应力混凝土。

（2）在铺放预应力筋时，应采取防止隔离剂沾污预应力筋的措施。

（3）当同时张拉多根预应力筋时，应预先调整初应力，使其相互之间的应力一致。

（4）张拉后的预应力筋与设计位置的偏差不得大于 5 mm 且不得大于构件截面最短边长的 4%。

（5）放张预应力筋时，混凝土强度必须符合设计要求；当设计无要求时，不得低于设计的混凝土强度标准值的 75%。

预应力筋张拉时应注意：

（1）张拉前应先做好台面的隔离层，隔离剂不得沾污钢丝，以免影响与混凝土的黏结。

（2）预应力筋的张拉控制应力值 σ_{con} 不宜超过表 7.1 规定的张拉控制应力限值，且不应小于 $0.4f_{Ptk}$。当符合下列情况之一时，表 7.1 中的张拉控制应力限值可提高 5%。

表 7.1　最大张拉控制应力值 σ_{con}

钢筋种类	张拉方法	
	先张法	后张法
消除应力钢丝、刻痕钢丝、钢铰线	$0.80f_{ptk}$	$0.80f_{ptk}$
热处理钢筋	$0.75f_{ptk}$	$0.70f_{ptk}$
冷拉钢筋	$0.95f_{pyk}$	$0.90f_{pyk}$

注：f_{ptk} 为预应力筋极限抗拉强度标准值；f_{pyk} 为预应力筋屈服强度标准值。

① 要求提高构件在施工阶段的抗裂性能而在使用阶段受压区内设置的预应力钢筋。

② 要求部分抵消由于应力松弛、摩擦、钢筋分批张拉以及预应力钢筋与张拉台座之间的温差等因素产生的预应力损失。

（3）预应力筋的张拉程序可采用以下两种方法：

$$0 \rightarrow 105\%\sigma_{con} \xrightarrow{\text{持荷 2 min}} \sigma_{con}$$

$$0 \rightarrow 103\%\sigma_{con}$$

在第一种张拉程序中，超张拉 5% 并持荷 2 min 是为了加速钢筋松弛早期发展，以减少应力松弛引起的预应力损失（约减少 50%）；第二种张拉程序超张拉 3%，是为了弥补应力松弛所引起的应力损失。

（4）预应力筋张拉后，一般应校核其伸长值，其理论伸长值与实际伸长值的误差不应超过 + 10%、－5%。若超过则应分析其原因，采取措施后再继续施工。

施工中应注意：

① 台座两端应有防护设施。张拉时沿台座长度方向每隔 4 ~ 5 m 设一个防护架，两端严禁站人，也不准人进入台座。当预应力筋拉大控制张力后，宜停 2 ~ 3 min 再打紧夹具（或拧紧螺母），此时操作人员应站在侧面。

② 当多根预应力筋同时张拉时，必须事先调整初应力，初应力值可取（10% ~ 15%）σ_{con}，确保应力一致。

③ 预应力筋张拉完毕后，位置的偏差不得大于 5 mm，也不得大于构件截面最短边长的 4%。

④ 用横梁整批张拉预应力筋时，千斤顶应对称布置，防止横梁倾倒。

⑤ 当气温低于 0 °C 时，不宜张拉。

⑥ 叠层生产时，应待下层混凝土强度达到 8 ~ 10 N/mm^2 后，方可浇灌上层构件的混凝土。

5. 先张法预应力筋放张有哪些要求？放张的方法有哪些？

（1）放张预应力筋时，混凝土强度必须符合设计要求。当设计要求时，不得低于设计的混凝土强度标准值的 75%。

（2）预应力筋的放张顺序，必须符合设计要求；当设计无要求时，应符合下列规定：

① 对承受轴心预压力的构件（如压杆、桩等），所有预应力筋应同时放张。

② 对承受偏心预压力的构件，应同时放张预压力较小区域的预应力筋，再同时放张预压力较大区域的预应力筋。

③ 当不能按上述规定放张时，应分阶段、对称、相互交错地放张。

放张后预应力筋的切断顺序，宜由放张端开始，逐次切向另一端。

放张的方法有：

① 螺杆放松。将螺母反向拧动即可，一般用于放松单根预应力筋。

② 砂箱放松。在台座与横梁间预先放置砂箱，内装石英砂或铁砂，用千斤顶以大张力的压力压紧砂箱，放松时打开出砂口，砂子流出，钢筋逐渐放松。

③ 千斤顶放松。张拉前将千斤顶活塞打出一定长度，设置在台座与横梁之间，放松是分几次完成，每次两个千斤顶同时等距离回程。

④ 混凝土缓冲放松。在浇捣预应力构件的同时，在台座的一端浇捣一块混凝土缓冲块，这样可在应力状态下切割预应力筋，使构件不受或少受冲击。

⑤ 预热熔割。当钢筋数量较少，单根放松时，可用氧炔焰先将钢筋加热，使其局部伸长，然后逐根熔割切断。

其他还有用剪线钳剪断钢丝的方法等。

6. 后张法应遵守哪些规定？有哪些张拉原则和张拉方法？

（1）预留孔道的尺寸与位置应正确，孔道应平顺。端部的预埋钢板应垂直于孔道中心线。

（2）孔道可采用预埋波纹管、钢管抽心等方法成形。钢管应平直光滑，胶管宜充压力水或其他措施以增强刚度，波纹管应密封良好并有一定的轴向刚度，接头应严密，不得漏浆。固定各种成孔管道用的钢筋井子架间距；钢管的井子架间距不宜大于 1 m；波纹管的井子架间距不宜大于 0.8 m；胶管的井子架间距不宜大于 0.5 m；曲线孔道宜加密。灌浆间距：预埋波纹管的灌浆间距不宜大于 30 m；抽心成形孔道的灌浆间距不宜大于 12 m；曲线孔道的曲线波峰部位，宜设置泌水管。

（3）预应力筋张拉时，结构的混凝土强度应符合设计要求，当设计无要求时，不宜低于设计强度标准值的 75%。

（4）采用冷拉钢筋作预应力筋的结构，可采用电热法张拉，但对严格要求不出现裂缝的结构和采用波纹管或其他金属管作预留管道的结构，不得采用电热法张拉。

（5）当采用电热法张拉时，预应力筋的电热温度，不宜超过 35 °C，反复电热次数不宜超过 3 次。成批生产前应检查所建立的预应力值，其偏差不应大于相应阶段预应力值的 10% 或小于 5%。

（6）预应力筋张拉后，孔道应及时灌浆；当采用电热法时，孔道灌浆应在钢筋冷却后进行。

（7）用连接器连接的多跨连续预应力筋的孔道灌浆，应张拉完一跨随即灌注一跨，不得在各跨全部张拉完毕后，一次连续灌浆。

其张拉原则有：

（1）预应力筋的张拉顺序应符合设计要求，当设计无要求时，可采用分批、分阶段对称张拉。

（2）预应力筋张拉端的设置，应符合设计要求；或应符合下列规定：① 抽心成形孔道：对曲线预应力筋和长度大于 24 m 的直线预应力筋，应在两端张拉；对长度不大于 24 m 的直线预应力筋，可在一端张拉。② 预埋波纹管孔道：对曲线预应力筋和长度大于 30 m 的直线预应力筋，宜在两端张拉，也可在一端张拉。对长度不大于 30 m 的直线预应力筋，可在一端张拉。

（3）平卧重叠浇灌的构件，宜先上后下逐层进行张拉。为减少上下层之间因摩阻引起的预应力损失，可逐层加大张拉力。底层张拉力，对钢丝、钢绞线、热处理钢筋，不宜比顶层张拉力大 5%；对冷拉Ⅰ、Ⅱ、Ⅳ级钢筋，不宜比顶层张拉力大 9%，当隔层效果较好时，可采用同一张拉值。

其张拉方法有：

（1）安装工作锚时，必须使工作锚和千斤顶中心线与构件孔道中心线一致；且与构件端头锚垫板垂直，否则应加垫板处理。

（2）工具锚安装应将锚环涂上黄油，锚片应按顺时针方向对号安装并应将端面打齐（但工作锚不涂油）。

（3）当拉至 10% 时，测量初读数。

（4）当拉至 103% σ_{con} 时（或 105% σ_{con} 持荷 2 min 后），测量终读数。

（5）锚固完毕，千斤顶回油之前，立即测量工作锚片外露值，千斤顶退出后再测量工作锚片外露值，两者之差为工作锚片回缩值。

（6）镦粗钢筋锚固时，应将开孔锚板用大锤用力打入垫紧，然后立即测量镦粗头外露量及锚板、垫板厚度；待千斤顶回程后再次测量上述值，两者之差即为钢筋回缩值。

（7）每束钢筋张拉完毕后，应当即算出实际伸长值；如实际伸长值与理论伸长值的差值大于 10% 时，查明原因后应再重新张拉。

（8）张拉完毕后，经检查锚片再无回缩现象，应用氧气乙炔焰割除锚具外露钢筋，其留头长度一般不大于 20 mm，最小不得小于 15 mm。

7. 后张法预留孔道时应注意哪些事项？

（1）要保证预留孔道位置的正确。

（2）要保证预留孔道畅通，即主要取决于抽管的时间是否合适。如果抽管时间过早，混凝土还未硬化，芯管抽出后混凝土就容易塌陷，堵塞孔道；但若抽管时间过迟，混凝土已经凝结，则可能使芯管抽不出来。

（3）要保证芯管连接处不漏浆：当两根钢管或胶管接长时，连接处的铁皮套管要与芯管紧密贴合，以免振捣混凝土时漏浆，堵塞孔道。

（4）要注意留出灌浆孔和排气孔：灌浆孔和排气孔在施工图中多标明位置，一般情况下，灌浆孔直径不应小于 20 ~ 25 mm，排气孔直径 8 ~ 10 mm。灌浆孔一般多用木塞预留，排气孔则用钢筋头预留，在混凝土浇灌后随即把木塞或钢筋活动一下。待抽出芯管后，再把木塞或钢筋拔出。

8. 孔道灌浆有哪些一般规定?

（1）钢筋张拉完毕后应尽快灌浆，以免预应力筋锈蚀。

（2）孔道灌浆应采用等级不低于 42.5 级普通硅酸盐水泥配制的水泥浆；对空隙大的孔道，可采用砂浆灌浆。水泥浆和砂浆强度均不应小于 20 N/mm^2。

（3）灌浆用的水泥浆的水灰比宜为 0.4 左右，搅拌后 3 h 泌水率宜控制在 2%，最大不得超过 3%，当需要增加孔道灌浆的密实度时，水泥浆中可掺入对预应力筋无腐蚀作用的外加剂。

（4）为了增加孔道灌浆的密实性，在水泥浆中可掺入对预应力筋无腐蚀作用的外加剂。例如，在水泥中掺入占水泥重量 0.025% 的木质磺酸钙等。在水泥浆中掺入占水泥重量 0.05% 的铝粉，可使水泥浆获得 2%～3% 的膨胀率。此外，水泥浆中不得掺入氯化物、硫化物以及硝酸盐等。

（5）灌浆前孔道应湿润、洁净。灌浆宜先灌注下层孔道。在灌满孔道并封闭排气孔后，应再继续加压至 0.5～0.6 MPa 稍后再封闭。不加外加剂的水泥浆可采用二次灌浆法，以提高密实度。

9. 规范中预应力分项工程原材料质量验收的主控项目有哪些?

（1）预应力筋进场时，应按现行国家标准《预应力混凝土用钢绞线》（GB/T 5224）等的规定抽取试件作力学性能检验，其质量必须符合有关标准的规定。

检验方法：检查产品合格证、出厂检验报告和进场复验报告。检查数量：按进场的批次和产品的抽样检验方案确定。

（2）无黏结预应力筋的涂包质量应符合无黏结预应力钢绞线标准的规定。

检验方法：观察，检查产品合格证、出厂检验报告和进场复验报告。

检查数量：每 60 t 为一批，每批抽取一组试件。

（3）预应力筋用描具、夹具和连接器应按设计要求采用，其性能应符合现行国家标准《预应力筋用锚具、夹具和连接器》（GB/T 14370）等的规定。

检验方法：检查产品合格证、出厂检验报告和进场复验报告。检查数量：按进场的批次和产品的抽样检验方案确定。

10. 规范中预应力分项工程的制作与安装质量验收的主控项目有哪些?

（1）预应力筋安装时，其品种、级别、规格、数量必须符合设计要求。

检验方法：观察，钢尺检查。检查数量：全数检查。

（2）先张法预应力施工时，应选用非油质类模板隔离剂，并应避免沾污预应力筋。

检验方法：观察。检查数量：全数检查。

（3）施工过程中应避免电火花损伤预应力筋；受损伤的预应力筋应予以更换。

检验方法：观察，钢尺检查。检查数量：全数检查。

11. 规范中预应力分项工程张拉与放张质量验收的主控项目有哪些?

（1）预应力筋张拉或放张时，混凝土强度应符合设计要求；当设计无具体要求时，不应低于设计的混凝土立方体抗压强度标准值的75%。

检验方法：检查同条件养护试件试验报告。检查数量：全数检查。

（2）预应力筋的张拉力、张拉或放张顺序及张拉工艺应符合设计及施工技术方案的要求，并应符合下列规定：

① 当施工需要超张拉时，最大张拉应力不应大于国家现行标准《混凝土结构设计规范》（GB 50010）的规定。

② 张拉工艺应能保证同一束中各根预应力筋的应力均匀一致。

③ 后张法施工中，当预应力筋是逐根或逐束张拉时，应保证各阶段不出现对结构不利的应力状态；同时宜考虑后批张拉预应力筋所产生的结构构件的弹性压缩对先批张拉预应力筋的影响，确定张拉力。

④ 先张法预应力筋放张时，宜缓慢放松锚固装置，使各根预应力筋同时缓慢放松。

⑤ 当采用应力控制方法张拉时，应校核预应力筋的伸长值。实际伸长值与设计计算理论伸长值的相对允许偏差为±6%。检验方法：检查张拉记录。检查数量：全数检查。

（3）预应力筋张拉锚固后实际建立的预应力值与工程设计规定检验值的相对允许偏差为±5%。

检验方法：对先张法施工，检查预应力筋应力检测记录；对后张法施工，检查见证张拉记录。检查数量：对先张法施工，每工作班抽查预应力筋总数的1%，且不少于3根；对后张法施工，在同一检验批内，抽查预应力筋总数的3%，且不少于5束。

（4）张拉过程中应避免预应力筋断裂或滑脱；当发生断裂或滑脱时，必须符合下列规定：

① 对后张法预应力结构构件，断裂或滑脱的数量严禁超过同一截面预应力筋总根数的3%，且每束钢丝不得超过一根；对多跨双向连续板，其同一截面应按每跨计算。

② 对先张法预应力构件，在浇筑混凝土前发生断裂或滑脱的预应力筋必须予以更换。

检验方法：观察，检查张拉记录。检查数量：全数检查。

12. 规范中预应力分项工程灌浆与封锚质量验收的主控项目有哪些?

（1）后张法有黏结预应力筋张拉后应尽早进行孔道灌浆，孔道内水泥浆应饱满、密实。

检验方法：观察，检查灌浆记录。检查数量：全数检查。

（2）锚具的封闭保护应符合设计要求；当设计无具体要求时，应符合下列规定：

① 应采取防治锚具腐蚀和遭受机械损伤的有效措施。

② 凸出式锚固端锚具的保护层厚度不应小于50 mm。

③ 外露预应力筋的保护层厚度：处于正常环境时，不应小于20 min；处于易受腐蚀的环境时，不应小于50 mm。

检验方法：观察，钢尺检查。检查数量：在同一检验批内，抽查预应力筋总数的5%，且不少于5处。

任务训练

学生以小组形式工作，尝试完成以下工作任务：

某输配电设备研发制造中心生产车间，为三层预应力混凝土框架结构。一层层高为 9.1 m，二、三层的层高为 6.1 m，建筑面积为 30 860 m^2。整体为 9 m×6 m 柱网，16 m 跨方向主次梁均采用有黏结预应力混凝土梁，梁断面 350 mm×1 000 mm。9 m 跨方向主梁采用无黏结预应力构造束。梁断面尺寸 450 mm×1 050 mm。预应力梁不仅跨度大，体量大，钢筋多且密，属于本工程中的重要受力构件及重要分项工程。

思考：

1. 预应力混凝土有哪些施工工艺？
2. 无黏结预应力混凝土适用于哪些结构？
3. 预应力筋的张拉控制力如何确定？

学习方法建议

➢ 自主学习

学生在教师的引导下，以小组讨论、自主学习的形式工作。通过查资料、规范、网上资源以及教材、学材的学习等多种方式完成训练任务。

➢ 小组发言

各小组选派一名代表讲解本小组完成训练任务的过程及结果，小组其他成员予以补充。

➢ 评　价

小组之间按照统一标准，对各小组回答问题、完成任务的过程及结果进行互评（可参考附录评价表格式进行）。

项目八　防水工程施工

学习导航

序号	学习目标	知识要点	权重
1	能说出各种防水卷材的特性,外观质量要求和应用范围	防水工程基本知识	10%
2	知道卷材防水屋面的施工要点	卷材防水屋面做法	25%
3	知道涂膜防水屋面的施工要点	涂膜防水屋面做法	20%
4	认识防水混凝土的特性，知道其施工特点	防水混凝土结构施工	15%
5	能说出外墙防水施工的一般规定	外墙防水施工	10%
6	能说出厨卫防水施工的一般规定	厨卫防水施工	5%
7	能根据建筑工程质量验收方法及验收规范进行常规防水工程的质量检查	防水工程的质量检查	15%

学习重点： 1. 卷材防水屋面的施工要点
2. 防水混凝土的特性和施工特点

学习难点： 防水工程施工方案的选择

导学

1. 建筑防水的分类有哪些?

（1）按防水部位分：屋面防水；地下防水；楼地面防水。

（2）按所采用的防水材料不同分：

① 柔性防水，如卷材防水、涂膜防水。

② 刚性防水，如刚性材料防水、结构自防水。

（3）按防水构造做法不同分：

① 结构自防水。它主要是指依靠建筑物构件材料自身的憎水性和密实性及其某些构造措施（坡度、埋置止水带等），使结构构件起到防水作用。

② 防水层防水。它是在建筑构件的迎水面或背水面以及接缝处，附加防水材料做成防水层，以起到防水作用。

2. 屋面防水等级及设防要求有哪些规定?

《屋面工程质量验收规范》(GB 50207—2002）根据不同建筑类别，将屋面防水的设防要求分为4个等级，分别规定了不同的构造要求和选用材料，并提出分别选用高、中、低档防水材料复合使用，进行屋面防水一道或多道设防，见表8.1。

表8.1 屋面防水等级和设防要求

项　目	屋面防水等级			
	Ⅰ	Ⅱ	Ⅲ	Ⅳ
建筑物类别	特别重要的民用建筑和对防水有特殊要求的工业建筑	重要的民用建筑，如博物馆、图书馆、医院、宾馆、影剧院；重要的工业建筑、仓库等	一般民用建筑，如住宅、办公楼、学校、旅馆；一般的工业建筑、仓库等	非永久性的建筑，如简易宿舍、简易车间等
防水层耐用年限	20年	15年	10年	5年
选用材料	应选用合成高分子防水卷材、高聚物改性沥青防水卷材、合成高分子防水涂料、细石防水混凝土、金属板等材料	应选用高聚物改性沥青防水卷材、合成高分子防水涂料、高聚物改性沥青防水涂料、细石防水混凝土、金属板等材料	应选用高聚物改性沥青防水卷材、合成高分子防水卷材、高聚物改性沥青防水涂料、合成高分子防水涂料、刚性防水层、平瓦、油毡瓦等材料	应选用高聚物改性沥青防水卷材、高聚物改性沥青防水涂料、沥青基防水涂料、波形瓦等材料
设防要求	三道或三道以上防水设防	二道防水设防	一道防水设防	一道防水设防

3. 地下工程防水等级及设防要求有哪些规定?

《地下工程防水技术规范》(GB 50108—2001）将地下工程防水等级分为4级，见表8.2。地下工程长期受地下水位变化影响，处于水的包围当中，如果防水措施不当出现渗漏，不但修缮困难，影响工程正常使用，而且长期下去，会使主体结构产生腐蚀、地基下沉，危及安全，易造成重大经济损失。

表 8.2 地下工程防水等级

防水等级	标 准
1 级	不允许漏水，结构表面无湿渍
2 级	不允许漏水，结构表面可有少许湿渍 工业与民用建筑：湿渍总面积不大于总防水面积的 1%，单个湿渍面积不大于 0.1 m^2，任意 100 m^2 防水面积湿渍不超过 1 处 其他地下工程：湿渍总面积不大于总防水面积的 6‰，单个湿渍面积不大于 0.2 m^2，任意 100 m^2 防水面积湿渍不超过 4 处
3 级	有少量漏水点，不得有线流和漏泥沙 单个湿渍面积不大于 0.3 m^2，单个漏水点的漏水量不大于 2.5 L/d，任意 100 m^2 防水面积漏水点不超过 7 处
4 级	有漏水点，不得有线流和漏泥沙 整个工程平均漏水量不大于 2 L/（m^2·d），任意 100m^2 防水面积的平均漏水量不大于 4 L/（m^2·d）

4. 防水工程的设防有哪些原则?

1）可靠性

防水方案的提出和确定主要包括设定防水部位、选择防水材料、确定细部构造和节点做法这三个方面。防水部位的特殊性要通过防水材料来适应，防水部位和防水材料，又要求细部构造、节点做法来落实和保证，同时还根据工程特点、地区自然条件，按照不同部位防水等级的设防要求，进行防水构造设计。设计时一定要考虑设计方案的适用性，防水材料的耐久性和合理性，操作工艺、技术可行性，以及节点的详细处理等，以保证防水材料在使用年限内不会发生渗漏。

2）复合防水、多道设防

建筑防水工程设计最基本的要求就是绝对不漏水。为提高其可靠性，“规范”规定对于不同部位的防水等级和防水层耐用年限，有不同的构造要求和选材要求，并提出分别将高、中、低档防水材料复合使用进行多道设防。此外，在设计屋面防水时还应注意防排结合的问题，排水通畅了，对防水的压力就会减轻。因此，在条件允许的情况下，首先考虑以排水为主，辅以防水；其次再考虑结构的适应性（如坡屋面最适合南方地区，具有排水通畅、装饰效果好的特点）。对地下防水而言，应防排结合，以疏为辅，工程本身既要防水也要排水，同时对侵害地下工程的各种来水进行堵和截，使之不侵害或减少侵害程度。地下工程一般情况下都要采用结构自防水形式，结合柔性防水和密封，实行地下工程防水的综合治理。

3）定级准确、经济合理

对于一个防水工程来讲，首先要准确地确定它的防水等级，其次根据相应的设防要求，结合工程结构、工程所处的环境和水文地质情况，在充分考虑建筑物的性质、重要程度、使用功能要求，确保防水层的合理使用年限的前提下，经过认真选择和优化，设计出一个定级准确、方案可靠、施工简便和经济合理的防水方案。

5. 防水卷材有哪些种类?

防水卷材按材料的组成不同，分为沥青防水卷材、高聚物改性沥青防水卷材和合成高分子防水卷材三大类。

1）沥青防水卷材

沥青防水卷材是用原纸、纤维织物、纤维毡等胎体材料浸涂沥青，表面撒布粉状、粒状或片状材料制成的可卷曲的片状防水材料。沥青防水卷材价格低廉，具有一定的防水性能，应用较为广泛。

2）高聚物改性沥青防水卷材

该卷材使用的高聚物改性沥青，指在石油沥青中添加聚合物，通过高分子聚合物对沥青的改性作用，提高沥青软化点，增加低温柔性，增加弹性，使沥青具有可逆变形的能力；改善耐老化性和耐硬化性，使聚合物沥青具有良好的使用功能，即高温不流淌、低温不脆裂，刚性、机械强度、低温延伸性有所提高。

图 8.1　沥青防水卷材

图 8.2　高聚物改性沥青防水卷材

3）合成高分子防水卷材

合成高分子防水卷材是以合成橡胶、合成树脂或它们两者的共混体系为基料，加入适量的化学助剂和填充料等，经过橡胶或塑料加工工艺制成的无胎加筋的或不加筋的弹性或塑性的卷材。

图 8.3　合成高分子防水卷材

6. 说明普通屋面部位防水卷材的施工工艺。

检查验收基层→涂刷基层处理剂→测量放线→铺贴附加层→铺贴卷材防水层→淋水试验→铺设保护层。

图 8.4　防水工程施工

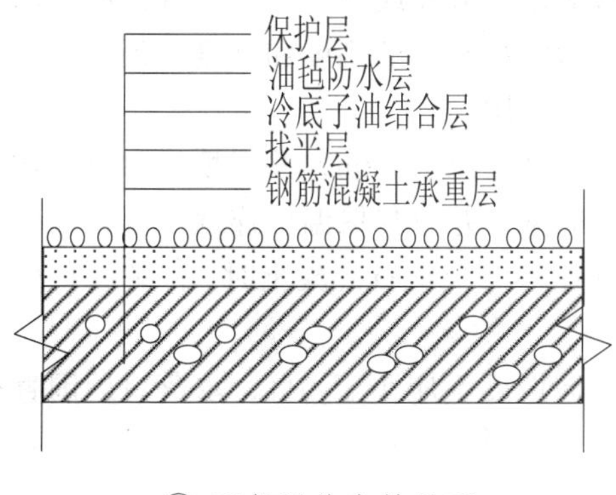

① 不保温的卷材屋面

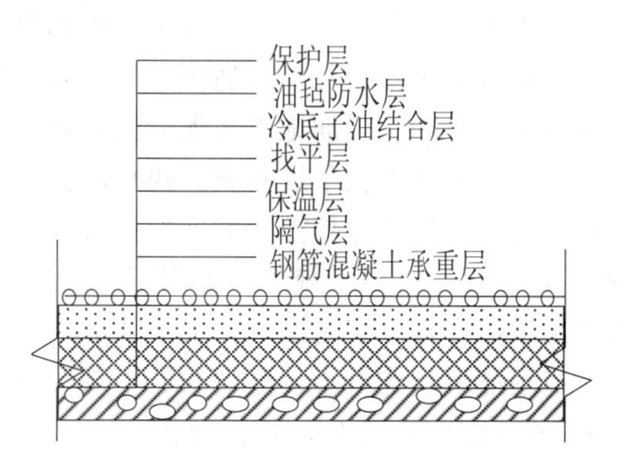

② 保温的卷材屋面

图 8.5　屋面防水做法

7. 什么是基层处理剂（冷底子油）？施工时应注意些什么？

基层处理剂是为了增强防水材料与基层之间的黏结力，在防水层施工前，预先涂刷在基层上的涂料。常用的基层处理剂有冷底子油及各种高聚物改性沥青卷材和合成高分子卷材配套的底胶（基层处理剂），其选择应与卷材的材性相容，以免与卷材腐蚀或黏结不良。

屋面工程中采用的石油沥青类冷底子油是由 10 号或 30 号石油沥青溶解于柴油、汽油、苯或甲苯等有机溶液中而制成的溶液。可用于涂刷在水泥砂浆或混凝土基层或金属配件的基层上作基层处理剂，它可使基层表面与沥青胶结料之间形成一层胶质薄膜，以此来提高其胶结性能。

冷底子油作为基层处理剂主要用于热粘贴铺设沥青卷材（油毡）。涂刷冷底子油的品种要视卷材而定，不可错用。涂刷要薄而匀，不得有空白、麻点和气泡，也可用机械喷涂。如果基层表面过于粗糙，宜先刷一遍慢挥发性冷底子油，待其表干后，再刷一遍快挥发性冷底子油。涂刷时间宜在铺贴前 1～2 d 进行，使油层干燥而又不沾染灰尘。

铺贴高聚物改性沥青卷材和合成高分子卷材采用基层处理剂的一般施 工操作与冷底子油基本相同。此外，在掌握好其产品说明书的技术要求外，还应注意以下几点：

（1）一次喷涂的面积应根据基层处理剂干燥时间的长短和施工进度的快慢而定。面积过大，来不及铺贴卷材，时间过长易被风沙尘土污染或露水打湿；面积过小，影响下道工序的进行，拖延工期。

（2）基层处理剂涂刷后宜在当天铺完防水层，但也要根据情况灵活确定。如多雨季节、工期紧张的情况下，可先涂好全部基层处理剂后再铺贴卷材，这样能防止雨水渗入找平层，而且基层处理剂干燥后的表面水分蒸发较快。

（3）当喷涂两遍时，第二遍应在第一遍干燥后进行。等最后一遍基层处理剂干燥后，才能铺贴卷材。一般气候条件下基层处理剂的干燥时间为 4 h 左右。

8. 防水屋面找平层设计有什么要求？

防水屋面找平层是铺贴卷材防水层的基层，可采用水泥砂浆、细石混凝土或沥青砂浆。

水泥砂浆找平层中宜掺膨胀剂，以提高找平层密实性，避免或减小因其裂缝而拉裂防水层。细石混凝土找平层尤其适用于松散保温层上，以增强找平层的刚度和强度。沥青砂浆找平层适合于冬期、雨期施工水泥砂浆有困难和抢工期时采用。

为避免或减少找平层开裂，找平层宜留设分格缝，缝宽为 20 mm，并嵌填密封材料或空铺卷材条。分格缝兼作排气屋面的排气道时，可适当加宽，并应与保温层连通。分格缝应留设在板端缝处，其纵横缝的最大间距为：找平层采用水泥砂菜或细石混凝土时，不宜大于 6 m，找平层采用沥青砂浆时，不宜大于 4 m。

找平层坡度应符合设计要求，一般天沟、檐沟纵向坡度不应小于 1%；水落口周围直径 500 mm 范围内坡度不应小于 5%。

9. 防水屋面找平层施工有什么要求?

对于水泥砂浆找平层施工应注意：

（1）基层表面应洁净湿润，但有保温层时不应洒水。

（2）分格缝应与板缝对齐，缝高同找平层厚度，缝宽 20 mm 左右，用小木条或金属条嵌缝。

（3）砂浆铺设应按由远到近、由高到低的程序进行，最好在每分格内一次连续铺成，严格掌握坡度。

（4）待砂浆稍收水后，用抹子压实抹平；终凝前，轻轻取出嵌缝条。

（5）一般在气温 0 °C 以下时或终凝前要下雨时，不宜施工。否则应有一定的技术措施作为保证。

对于沥青砂浆找平层施工应注意：

（1）基层表面应洁净干燥，满涂冷底子油 12 道，涂刷要薄而匀，不应有气泡和空白，涂刷后表面保持清洁。

（2）等冷底子油干燥后，可铺设沥青砂浆，其虚铺厚度约为压实后厚度的 1.3 ~ 1.4 倍。

（3）施工时沥青砂浆的温度应为：室外气温在 5 °C 以上时，拌制温度为 140 ~ 170 °C，铺设温度为 90 ~ 120 °C;室外气温在 5 °C 以下时,拌制温度为 160 ~ 180 °C,铺设温度为 100 ~ 130 °C。

（4）待砂浆刮平后，即用火滚进行滚压，使表面平整密实、无蜂窝和压痕。

（5）施工缝应留成斜槎，继续施工时，接槎处应清理干净，并刷热沥青一遍，然后铺沥青砂浆，用火滚或烙铁烫平。

（6）雨、雪天不能施工，且在 0 °C 以下施工时，应有一定的技术措施。沥青砂浆铺设后，最好及时铺设第一层卷材。

10. 卷材与基层的粘贴方法有哪些?

卷材与基层的粘贴方法可分为满粘法、点粘法和空铺法等形式。通常都采用满粘法，而条粘、点粘和空铺法更适合于防水层上有重物覆盖或基层变形较大的场合，是一种克服基层变形拉裂卷材防水层的有效措施，设计中应明确规定、选择适用的工艺方法。

空铺法：铺贴卷材防水层时，卷材与基层仅在四周一定宽度范围内粘贴的施工方法。

条铺法：铺贴卷材时，卷材与基层粘结面不少于两条，每条宽度不小于 150 mm。

点粘法：铺贴卷材防水层时，卷材或打孔卷材与基层采用点状粘结的施工方法，每平方米粘结不少于 5 点，每点面积为 100 mm × 100 mm。

11. 屋面变形缝处的卷材如何施工?

屋面变形缝处附加墙与屋面交接处的泛水部位，应做好附加层；接缝两侧的卷材防水层铺贴至缝边；然后在缝中嵌填直径略大于缝宽的背衬材料，如聚乙烯泡沫塑料棒等，也可以在缝中填以沥青麻丝作为背衬材料。 为了使沥青麻丝不掉落，在附加墙砌筑前，缝口用伸缩片覆盖。附加墙砌筑好后，将沥青麻丝填入缝内。嵌填完背衬材料后，再在变形缝上铺贴盖缝卷材，并延伸至附加墙立面。卷材在立面上应采用满粘法，铺贴宽度不小于 100 mm。为提高卷材适应变形的能力，卷材与附加墙顶面不宜粘结。

在高低跨变形缝处，低跨的卷材防水层应铺至附加墙顶面缝边。然后将金属或合成高分子卷材盖板上下两端用带垫片的钉子分别固定在高跨外墙面和低跨的附加墙立面上，盖板两端及钉帽用密封材料封严。

12. 高聚物改性沥青卷材冷粘贴施工应注意些什么?

（1）清理基层并涂好基层处理剂。

（2）复杂部位的增强处理：待基层处理剂干燥后，可先对排水口、管子根部、烟囱底部等容易渗漏的薄弱部位，在中心 200 mm 范围内，均匀涂刷一层胶粘剂，涂刷厚度以 1 mm 左右为宜。涂胶后随即粘贴一层聚酯纤维无纺布，并在无纺布上再涂刷一道厚度为 1 mm 左右的胶粘剂。干燥后即可形成一层无接缝和弹塑性的整体增强层。

（3）铺贴防水卷材层先在流水坡度的下坡开始弹出基准线，边涂刷胶粘剂边向前滚铺卷材，并及时用压棍压实。用毛刷涂刷时，蘸胶液要饱满，涂刷要均匀。

（4）卷材的接缝处理：卷材纵横之间的搭接宽度为 100 mm，一般接缝既可用胶粘剂粘合，也可用汽油喷灯等进行加热熔接，其中用加热熔接的效果更为理想。

双层做法时，第二层卷材的搭接缝与第一层的搭接缝应错开卷材幅宽的 1/3 ~ 1/2。

（5）接缝边缘和卷材的末端收头处理：对卷材搭接缝的边缘以及末端收头部位，应刮抹浆膏状的胶粘剂进行粘合封闭处理，以达到密封防水的目的。必要时，再用 107 胶水泥砂浆进行压缝处理。

（6）保护层施工：在防水层表面上采用边涂刷胶粘剂，边铺撒膨胀蛭石粉保护层或均匀涂刷银白色或绿色涂料作保护层，以延长卷材的使用寿命。

13. 高聚物改性沥青卷材热熔法施工应注意些什么?

采用热溶施工可以节省胶粘剂，降低防水工程造价，特别是气温较低时，尤为适用。但需准备汽油喷灯或煤气焊枪，以便对卷材加热，进行热熔接的铺设处理。

（1）清理基层并涂好基层处理剂。

（2）待涂刷的基层处理剂干燥 8 h 以上，开始铺贴卷材。用喷灯加热基层和卷材时，加热要均匀，喷灯距卷材 0.5 m 左右，待卷材表面熔化后，缓慢地滚铺卷材进行铺贴。

（3）趁卷材尚未冷却时，用铁抹子或其他工具把接缝边封好，再用喷灯均匀细致地密封。

14. 什么是涂膜防水屋面?

涂膜防水是在自身有一定防水能力的结构层表面涂刷一定厚度的防水涂料，经常温胶联固化后，形成一层具有一定坚韧性的防水涂膜的防水方法。根据防水基层的情况和适用部位，可将加固材料和缓冲材料铺设在防水层内，以达到提高涂膜防水效果、增强防水层强度和耐久性的目的。涂膜防水由于防水效果好，施工简单、方便，特别适合于表面形状复杂的结构防水施工，因而得到广泛应用。

15. 涂膜防水屋面有哪些施工方法?

（1）抹压法　涂料用刮板刮平后，待其表面收水而尚未结膜时，再用铁抹子压实抹光，用于流平性差的沥青基厚质防水涂膜施工。

（2）涂刷法　用棕刷、长柄刷、圆滚刷蘸防水涂料进行涂刷，用于涂刷立面防水层和节点部位细部处理。

（3）涂刮法　用胶皮刮板涂布防水涂料，先将防水涂料倒在基层上，用刮板米来回涂刮，使其厚薄均匀，用于黏度较大的高聚物改性沥青防水涂料和合成高分子防水涂料在大面积上的施工。

（4）机械喷涂法　将防水涂料倒入设备内，通过喷枪将防水涂料均匀喷出，用于黏度较小的高聚物改性沥青防水涂料和合成高分子防水涂料的大面积施工。

16. 说明涂膜防水屋面的施工程序。

施工准备工作→板缝处理及基层施工→基层检查及处理→涂刷基层处理剂→节点和特殊部位附加增强处理→涂布防水涂料，铺贴胎体增强材料→防水层清理与检查整修→保护层施工。

17. 什么是刚性防水屋面?

刚性防水屋面实质上是一种刚性混凝土板块防水或由刚性板块与柔性接头材料复合防水，可适应变形的刚柔结合的防水屋面。它主要依靠混凝土自身的密实性或采用补偿收缩混凝土、预应力混凝土，并配合一定的构造措施来达到防水目的。

18. 地下工程防水做法有哪些种类?

（1）结构自防水法（刚性防水），利用结构本身的密实性，憎水性以及刚度，提高结构本身的抗渗性能。

（2）隔水法，利用不透水材料或弱透水材料，将地下水（包括无压水、承压水、毛细管水、潜水）与结构隔开，起到防水防潮作用。

（3）接缝防水法，指在地下工程设计时，合理地设置变形缝以防止混凝土结构开裂造成渗漏的重要措施。

（4）注浆止水法，在新开挖地下工程时对围岩进行防水处理，或对防水混凝土地下工程的堵漏修补。

（5）疏水法是引导地下水泄入排水系统内，使之不作用在衬砌结构上的一种防水方法。

19. 什么是防水混凝土？

防水混凝土，又称抗渗混凝土，是以改进混凝土配合比、掺加外加剂或采用特种水泥等手段提高混凝土密实性、憎水性和抗渗性，使其满足抗渗等级大于或等于 P6 抗渗压力要求的不透水性混凝土。

20. 外墙防水施工一般规定有哪些？

（1）突出墙面的腰线、檐板、窗台上部均应做成向外排水坡，下部应做滴水，与墙面交角处应做成直径 100 mm 的圆角。

（2）空心砌块外墙门窗洞周边 200 mm 内的砌体应用实心砌块砌筑或用 C20 细石混凝土填实。

（3）阳台、露台等地面应做防水处理，标高应不低于同楼层地面标高 20 mm，坡向排水口的坡度应大于 3%。

（4）阳台栏杆与外墙体交接处应用聚合物水泥砂浆做好填嵌处理。

（5）外墙体变形缝必须做防水处理。

（6）混凝土外墙找平层抹灰前，对混凝土外观质量应详细检查，如有裂缝、蜂窝、孔洞等缺陷时，应视情节轻重先行补强，密封处理后方可抹灰。

（7）外墙凡穿过防水层的管道、预留孔、预埋件两端连接处，均应采用柔性密封处理，或用聚合物水泥砂浆封严。

21. 厨卫防水的一般规定有哪些？

（1）厨房、卫生间一般采取迎水面防水。地面防水层设在结构找坡的找平层上面并延伸至四周墙面边角，至少需高出地面 150 mm 以上。

（2）地面及墙面找平层应采用 1∶2.5～1∶3 水泥砂浆，水泥砂浆中宜掺外加剂，或地面找坡、找平采用 C20 细石混凝土一次压实、抹平、抹光。

（3）地面防水层宜采用涂膜防水材料，根据工程性质及使用标准选用高、中、低档防水材料，其基本遍数、用量及适用范围见表 8.3。

表 8.3　涂膜防水基本遍数、用量及适用范围

防水涂料等级	三遍涂膜及厚度 1.5 mm	一布四涂及厚度 1.8 mm	二布六涂及厚度 2.0 mm	适用范围
高　档	1.2～1.5 kg/m^2	1.5～1.8 kg/m^2	1.8～2.0 kg/m^2	如聚氨酯防水涂料等，用于旅馆等公共建筑
中　档	1.2～1.5 kg/m^2	1.5～2.0 kg/m^2	2.0～2.5 kg/m^2	如氯丁胶乳沥青防水涂料等，用于较高级住宅工程
低　档	1.8～2.0 kg/m^2	2.0～2.2 kg/m^2	2.2～2.5 kg/m^2	如588橡胶改性沥青防水涂料，用于一般住宅工程

（4）厕、浴、厨房间的地面标高，应低于门外地而标高不少于 20 mm。

（5）厕、浴、厨房间的墙裙可贴瓷砖，高度不低于 1 500 mm；上部可做涂膜防水层，或满贴瓷砖。

22. 厨卫防水层有哪些要求？

（1）地面防水层原则做在楼地面面层以下，四周应高出地面 250 mm。

（2）小管须做套管，高出地面 20 mm。管根防水用建筑密封膏进行密封处理。

（3）下水管为直管，管根处高出地面。根据管位设置处理，一般高出地面 10 ~ 20 mm。

23. 厨房、卫生间地面防水的施工要求有哪些？

（1）结构层。卫生间地面结构层宜采用整体现浇钢筋混凝土板或预制整块开间钢筋混凝土板。如设计采用预制空心板时，则板缝应用防水砂浆堵严，表面 20 mm 深处宜嵌填沥青基密封材料；也可在板缝嵌填防水砂浆并抹平表面后，附加涂膜防水层，即铺贴 100 mm 宽玻璃纤维布一层，涂刷二道沥青基涂膜防水层，其厚度不小于 2 mm。

（2）找坡层。地面坡度应严格按照设计要求施工，做到坡度准确，排水通畅。找坡层厚度小于 30 mm 时，可用水泥混合砂浆；厚度大于 30 mm 时，宜用 1：6 水泥炉渣材料。

（3）找平层。要求采用 1：2.5 ~ 1：3 水泥砂浆，找平前清理基层并浇水湿润，但不得有积水，找平时边扫水泥浆边抹水泥砂浆，做到压实、找平、抹光，水泥砂浆宜掺防水剂，以形成一道防水层。

（4）防水层。由于厕浴、厨房间管道多，工作面小，基层结构复杂，故一般采用涂膜防水材料较为适宜。

（5）面层。地面装饰层按设计要求施工，一般常采用 1：2 水泥砂浆、陶瓷锦砖和防滑地砖等。墙面防水层一般需做到高 1.8 m，然后抹水泥砂浆或贴面砖装饰层。

24. 说明厨房、卫生间地面防水施工程序

1）地面涂膜防水层施工

清理基层→涂刷基层处理剂→涂刷附加层防水涂料→涂刮第一遍涂料→涂刮第二遍涂料→涂刮第三遍涂料→第一次蓄水试验→稀撒砂粒→质量验收→保护层施工→第二次蓄水试验。

2）地面刚性防水层施工

基层处理→铺抹垫层→铺抹防水层→管道接缝防水处理→铺抹砂浆保护层。

任务训练

学生以小组形式工作，共同讨论学习防水工程施工交底，探讨防水工程施工要点。

资料

防水工程施工交底

安全技术交底		编　号	
工程名称		交底日期	
施工单位		分项工程名称	屋面防水工程
交底提要			

交底提要：

1. 施工管理人员必须对图纸及防水施工方案进行细致、认真的学习。

2. 充分了解防水施工要求，严格按防水施工的工艺要求进行操作，对防水施工严格“三检”制度，上一道工序不合格，绝不进行下道工序的施工。

3. 创造防水施工干作业环境，在顶板、底板防水层施工前，采取有效措施，防止地表水、雨水等流入基坑内，必须保证施工面是干燥的。

4. 在防水施工过程中，对易产生渗漏的薄弱部位（施工缝、变形缝、抗拔桩头、穿墙管等）进行重点质量控制，制定有针对性的施工技术措施，施工中加强质量管理，确保上述部位的防水施工符合设计要求。

5. 做防水层之前，必须干燥基面，卷材铺贴前应保持干燥，清除表面撒布物，避免损伤卷材。

6. 卷材铺贴长边应与隧道结构纵向垂直，两幅卷材的粘贴搭接长度应大于 100 mm，相邻两幅卷材接缝应错开 1/3 幅宽。

7. 在立面和平面的转角处，卷材的接缝应留在平面上，距立面不应小于 600 mm。

8. 在铺贴防水卷材时应将卷材下面的空气排净，粘合面完全接触，使卷材不皱褶、不鼓起。要碾平压实，接缝必须粘贴封严。

9. 高分子卷材如用焊接法连接，卷材搭接部位采用热风枪双焊缝加热焊牢，焊缝宽度不小于 10 mm，且均匀连续，不得有假焊、漏焊、焊焦、焊穿等现象。焊接时，必须先熔去待搭接部位卷材上表面的防粘层和粒料保护层，同时应采用热风枪熔化接缝两面的粘接胶，然后进行粘合、排气、封口。对粘贴好的卷材接口，采用热风焊接，同时用专用滚筒将接口按压密实。

10. 施工过程中注意对防水板的保护，防止电焊渣烧穿防水板，钢筋等硬物戳穿防水板，做好侧墙防水板后，必须立即进行保护，一旦发现破损，必须进行补焊。

11. 防水属于隐蔽工程，施工过程中及隐蔽之前必须做好施工记录以及一切验收手续，未经验收，不得隐蔽。

12. 卷材防水层经检查合格后，应立即施作保护层。焊缝必须检测合格

审核人		交底人		接受交底人	

① 本表头由交底人填写，交底人与接受交底人各保存一份，安全员一份。
② 当作分部、分项施工作业安全交底时，应填写“分部、分项工程名称”栏。
③ 交底提要应根据交底内容把交底重要内容写上。

安全技术交底		编　号	
工程名称		交底日期	
施工单位		分项工程名称	地下防水工程
交底提要			

1. 捣混凝土必须搭设临时桥道，不允许推车在钢筋面上行走，桥道搭设要用桥凳架空，不允许桥道压在钢筋面上。

2. 禁止在混凝土初凝后，终凝前在其上面推车或堆放物品。

3. 各种电动机具必须接地并装设漏电保护开关，遵守机电的安全操作规程。

4. 使用振动器需穿绝缘胶鞋，戴绝缘手套，湿手不得接触开关，电源线不得有破皮漏电，要按规定安装防漏电开关。

5. 振动着的振动器振棒不得放在地板、脚手架及未凝固的混凝土和钢筋面上。

6. 捣地下室混凝土的自由倾落度不宜超过 2 m，如超过 2 m 的要用串筒进行送浆捣固。

7. 防水砂浆搅拌时必须戴好安全帽、穿好安全劳保用品。

8. 防水材料使用时不得有易燃物品靠近。

9. 患材料刺激性过敏人员不得参加作业。

10. 作业必须服从施工管理人员安排。

11. 作业前，应检查所用工具是否牢固可靠。脚手架搭设牢固，不摆动。暂停作业时，应将工具放置稳妥，严禁抛掷工具及废料。

12. 所用需调材料，应先在地面调好后，再送至使用地区，材料用后要及时封存好剩余材料。

审核人		交底人		接受交底人	

学习方法建议

➢ 自主学习

学生在教师的引导下，以小组讨论、自主学习的形式工作。通过查资料、规范、网上资源以及教材、学材的学习等多种方式完成训练任务。

➢ 小组发言

各小组选派一名代表讲解本小组完成训练任务的过程及结果，小组其他成员予以补充。

➢ 评　　价

小组之间按照统一标准，对各小组回答问题、完成任务的过程及结果进行互评（可参考附录评价表格式进行）。

附　录

评价模式参考表

Ⅰ. 过程评价

（1）任务评价

表1　学习（工作）任务完成情况评价表

项目*：____________　　任务*：

序号	考评内容	分值	学生自评（20%）	小组评价（30%）	教师评价（50%）	单项内容加权得分
1	知识与技能					
2	过程与方法					
3	态度与合作					
任务得分 = $\sum$（单项内容加权得分）						

（2）项目评价

表2　____________项目完成情况评价表

任务编号	任务	得分	权重	项目得分
……	……	……	……	

Ⅱ. 结果评价

课程总成绩包括过程评价和期末考核

表 3 《建筑施工技术》学生成绩评价表

项目编号	项目名称	项目得分	权重	项目权重得分	平时成绩 = ∑（项目权重得分）	考核成绩
一	土方工程施工		0.2			
二	地基与基础工程		0.1			
三	砌筑工程		0.1			
四	钢筋混凝土工程		0.4			
五	屋面工程		0.1			
六	装饰装修工程		0.1			
课程得分 = 平时成绩 × 权重（60%）+ 考核成绩 × 权重（40%）						

参考文献

[1] 吴纪伟. 建筑施工技术. 杭州：浙江大学出版社，2010.
[2] 王军霞. 建筑施工技术. 北京：中国建筑工业出版社，2011.
[3] 董伟. 建筑施工技术. 北京：北京大学出版社，2011.
[4] 张小林. 建筑施工综合实训. 北京：中国水利水电出版社，2011.
[5] 宁平. 施工员岗位技能图表详解. 上海：上海科学技术出版社，2013.
[6] 中国建筑工业出版社. 工程建设常用规范选编：建筑施工质量验收规范. 北京：中国建筑工业出版社/中国计划出版社，2011.
[7] 中国建筑标准设计研究院. 国家建筑标准设计图集 混凝土结构施工图平面整体表示方法制图规则和构造详图（11G101-1）. 北京：中国计划出版社，2011.